服装高等教育"十二五"部委级规划教材（本科）
国家精品课程配套教材
浙江省重点建设教材

礼服设计与立体造型

Design and Three-dimensional Modeling of Ceremony Dress

魏静 等著

中国纺织出版社

内 容 提 要

本书在知识体系上采取了科学、融合、拓展、创新的原则；在内容安排上采取了由部位到整体、由原理到应用、由设计到创意的原则。具体内容包括礼服概述，礼服材料与选配，礼服局部设计与造型，婚礼服、晚礼服、日间礼服、创意礼服的立体造型实例，礼服配饰设计与造型，现代礼服赏析等。本书不仅对礼服造型进行深入细致的研究，而且把礼服的设计与技术加以提升。对有代表性、经典、时尚等礼服款式附有造型说明与方法解析，并采用实际面料设计制作，达到与实际款式零距离的效果；采取专业摄影环境，使图片清晰，礼服的层次感明显；还配套设计制作了教学软件，便于学习者掌握与应用。

本书结构严谨，内容新颖，图文并茂，具有较强的科学性、艺术性、实战性和前瞻性。可作为大专院校服装设计类专业培养高等应用型、技能型人才的教学用书，也可作为服装企业技术人员的专业参考书和服装爱好者的有益读物。

图书在版编目(CIP)数据

礼服设计与立体造型/魏静等著.—北京：中国纺织出版社，2011.8 (2021.8重印)

服装高等教育"十二五"部委级规划教材（本科）

ISBN 978-7-5064-7446-7

Ⅰ.①礼… Ⅱ.①魏… Ⅲ.①服装设计：造型设计－高等学校－教材 Ⅳ.①TS941.2

中国版本图书馆CIP数据核字(2011)第065485号

策划编辑：张晓芳　责任编辑：宗 静　责任校对：寇晨晨
责任设计：何 建　责任印制：陈 涛

中国纺织出版社出版发行

地址：北京东直门南大街6号　邮政编码：100027

销售电话：010—67004422　传真：010—87155801

http://www.c-textilep.com

中国纺织出版社天猫旗舰店

官方微博 http://weibo.com/2119887771

北京通天印刷有限责任公司印刷　各地新华书店经销

2011年8月第1版　2021年8月第7次印刷

开本：787×1092 1/16　印张：16

字数：186千字　定价：52.00元（附1张光盘）

出版者的话
The publisher's Remark

　　《国家中长期教育改革和发展规划纲要》中提出"全面提高高等教育质量"，"提高人才培养质量"。教高［2007］1号文件"关于实施高等学校本科教学质量与教学改革工程的意见"中，明确了"继续推进国家精品课程建设"，"积极推进网络教育资源开发和共享平台建设，建设面向全国高校的精品课程和立体化教材的数字化资源中心"，对高等教育教材的质量和立体化模式都提出了更高、更具体的要求。

　　"着力培养信念执著、品德优良、知识丰富、本领过硬的高素质专门人才和拔尖创新人才"，已成为当今本科教育的主题。教材建设作为教学的重要组成部分，如何适应新形势下我国教学改革要求，配合教育部"卓越工程师教育培养计划"的实施，满足应用型人才培养的需要，在人才培养中发挥作用，成为院校和出版人共同努力的目标。中国纺织服装教育协会协同中国纺织出版社，认真组织制订"十二五"部委级教材规划，组织专家对各院校上报的"十二五"规划教材选题进行认真评选，力求使教材出版与教学改革和课程建设发展相适应，充分体现教材的适用性、科学性、系统性和新颖性，使教材内容具有以下三个特点：

　　（1）围绕一个核心——育人目标。根据教育规律和课程设置特点，从提高学生分析问题、解决问题的能力入手，教材附有课程设置指导，并于章首介绍本章知识点、重点、难点及专业技能，增加相关学科的最新研究理论、研究热点或历史背景，章后附形式多样的思考题等，提高教材的可读性，增加学生学习兴趣和自学能力，提升学生科技素养和人文素养。

　　（2）突出一个环节——实践环节。教材出版突出应用性学科的特点，注重理论与生产实践的结合，有针对性地设置教材内容，增加实践、实验内容，并通过多媒体等形式，直观反映生产实践的最新成果。

　　（3）实现一个立体——开发立体化教材体系。充分利用现代教育技术手段，构建数字教育资源平台，开发教学课件、音像制品、素材库、试题库等多种立体化的配套教材，以直观的形式和丰富的表达充分展现教学内容。

　　教材出版是教育发展中的重要组成部分，为出版高质量的教材，出版社严格甄选作者，组织专家评审，并对出版全过程进行跟跟踪，及时了解教材编写进度、编写质量，力求做到作者权威、编辑专业、审读严格、精品出版。我们愿与院校一起，共同探讨、完善教材出版，不断推出精品教材，以适应我国高等教育的发展要求。

中国纺织出版社

教材出版中心

出版者的话

前言 Preface

礼服是在较正式场合穿着的服装,每个文明历程都产生过独特的礼服样式和文化,成为一种文化标志。而现代礼服在体现国际流行趋势的同时,依然继承传统样式和文化,展现独特而深厚的礼服魅力。我国经济的飞速发展,人民生活水平的不断提高,为礼服设计与应用提供了广阔的物质与经济基础;而"立体裁剪法"的引进、融合与提高,为礼服的立体造型提供了有力的技术支撑。礼服像一朵绚丽多姿的奇葩,越来越彰显出时尚、多姿、华丽、诱人的艺术魅力。

礼服立体造型涵盖设计、色彩、造型、制板、材料、人体学等多方面知识点,是集服装的综合性、技术性、时尚性及个性于一身。礼服在国外已经发展得较为成熟,而且独树一帜,但在我国,多年来,不论从事该专业研究人士,还是相关论著、配套教材等涉及甚少,成为我国服装知识与实践体系的一个薄弱领域。因此,研究与解决礼服的相关课题是服装教育工作者责无旁贷的责任。

本教材力求反映现代服装教学理念,注重知识能力素质协调发展,在知识体系上采取了科学、融合、拓展、创新的原则。全书贯穿"一条主线、两大核心、三个结合",即以礼服廓型设计为主线(把球型、陶瓶型、漏斗型、圆台型、塔型、螺旋型等礼服廓型融合在婚礼服、晚礼服、日间礼服、创意礼服的案例教学中),以"礼服结构的立体造型原理与方法、艺术表现手法与表现效果"为核心;注重"理论与实践结合、艺术与技术结合、平面与立体结合"。对重要知识点均以案例的形式系统地讲解,并附有示范演示和制作说明;采用实际面料设计制作,达到与实际款式零距离的效果;采取专业摄影环境,使图片清晰,礼服层次感明显;配套设计制作了教学软件,图文并茂、直观生动,便于学习者掌握与应用。本书不仅诠释与提升了礼服的设计与造型技术,还为有效地提高动手能力与思维创造能力提供了良好的平台与空间。同时注重理论阐述与示范操作相统一,艺术造型与表现技法相协调,具有较强的科学性、艺术性、实战性和前瞻性。

本教材依托于"服装立体裁剪"国家级精品课程,得益于浙江省重点教材立项支持,温州"嫁衣工坊"提供了部分面料、款式及市场信息;由浙江省四所高校服装专业多年从事本课程教学与研究的优秀教师,经过精心筹划与通力合作,2010年7月完成本教材的编写工作,相信会给广大读者献上一部专业技术含量高、资源丰富、可读性强的精品教材。本教材第一章由刘文、张建兴编写，第二章由章瓯雁、魏静编写，第三章由魏静、章瓯雁、刘文、陈莹编写；第四章由章瓯雁、魏静、朱江晖编写；第五、第六章由魏静、章瓯雁、陈莹编写，第七章由徐惠明、金晨怡编写；第八章由金晨怡编写，第九章由张建兴、胡亚迪编写；插图绘画翁小秋，英文翻译朱江晖，图片调整章瓯雁，化妆"嫁衣工坊"造型师，多媒体制作邢旭佳。全书由魏静任主编，并负责统稿；章瓯雁、金晨怡任副主编。

由于我们水平有限，且时间匆促，对书中的疏漏和欠妥之处，敬请服装界的专家、院校的师生和广大的读者予以批评指正。

本教材在编写中得到了浙江省教育厅与温州大学教材立项资助。书中选用的部分图片来自于服装网络（由于联系方式不详等，无法与作者联系，敬请原谅），在此一并表示深深的谢意。

作者

2010年12月18日 于温州

礼服设计与立体造型
教学内容及课时安排

章/课时	课程性质/课时	节	课程内容
第一章	基础理论与研究 （6课时）		•第一章 礼服概述
		一	礼服的起源与发展
		二	礼服的廓型与分类
		三	礼服的造型手法
		四	礼服的设计原则
第二章			•第二章 礼服材料与选配
		一	礼服面料与特征
		二	礼服辅料与选配
第三章	基础训练与实践 （10课时）		•第三章 礼服局部设计与造型
		一	胸部立体造型
		二	背部立体造型
		三	袖型立体造型
		四	裙型立体造型
第四章	专题训练与实践 （22课时）		•第四章 婚礼服立体造型实例
		一	鱼尾型婚礼服立体造型
		二	钟型婚礼服立体造型
		三	中拖尾婚礼服立体造型
第五章			•第五章 晚礼服立体造型实例
		一	鱼尾型晚礼服立体造型
		二	漏斗型晚礼服立体造型
		三	螺旋型晚礼服立体造型
第六章			•第六章 日间礼服立体造型实例
		一	圆台型日间礼服立体造型
		二	陶瓶型小礼服立体造型
		三	球型小礼服立体造型
第七章	创意设计与实践 （18课时）		•第七章 创意礼服立体造型实例
		一	肌理变化礼服立体造型
		二	装饰图案礼服立体造型
		三	塑料材质礼服立体造型
第八章	配饰设计与赏析 （4课时）		•第八章 礼服配饰设计与造型
		一	礼服配饰设计解析
		二	头饰与首饰设计造型
		三	化妆与发型设计造型
第九章			•第九章 现代礼服赏析（30款）

注 各院校可根据自身的教学特点和教学计划对课程时数进行调整。

目录 Contents

第一章 礼服概述
A Brief Introduction of Ceremony Dress

第一节 礼服的起源与发展
Origin and Development of Ceremony Dress

礼服（Ceremony Dress），即礼仪服装。礼服在特定的场合、时间、地点穿着，具有表现一定礼仪和信仰的功能，在一定的历史范畴中，受社会规范所形成的风俗、习惯、道德等的影响和制约。广义的礼服包括一切用于正式场合，体现隆重、庄严、高雅、优美等风格的服装，如国旗护卫队穿着的军礼服、男性的燕尾服等。而本书所提及的礼服，更多地指女性的晚礼服，主要以西方传统女性礼服样式为基础，在世界范围内被广泛接受和认可，是女性出入社交礼仪场合必着的服装。礼服是以连衣裙为基本款式特征，着重胸部、背部、肩部及裙子的变化，配合相应的服装配饰和妆容，展现女性的婀娜多姿、妩媚柔美的整体特性。在各个历史时期，礼服具有各自独特的礼服样式和文化，承载着这个时期的文明。而现代礼服在体现国际流行趋势的同时，依然继承着传统样式和文化，展现出独特而深厚的礼服魅力和时尚。

一、古代礼服的渊源 （Origins of Ancient Ceremony Dress）

中国自古便有"礼仪之邦"之称。儒家礼学著有经典"三礼"，即《周礼》《仪礼》、《礼记》。《礼记·昏义》说："夫礼始于冠，本于昏，重于丧祭，尊于朝聘，和于射乡，此礼之大体也。"可见，中国自古便讲究在成年、婚姻、丧葬、祭祀、朝聘、射礼等场合穿着不同服装，以符合儒家礼教思想规范。因此，说礼服产生于西方是不全面的。之所以有这样的观点，大概是因为现代礼服西化的原因。另外，从造型上，中国礼服是二维平面的，而西方礼服是三维立体的。若与立体造型相结合，则礼服便成了西方文明的产物。

本书结合立体造型知识谈礼服，着重指的是西方女性的晚礼服。

在西方，礼服的渊源最初可追溯到公元前 2000 年～公元前 1000 年的爱琴文

图1-1 持蛇女神像

明时期。19世纪，克里特❶遗址出土了一批小巧而精美的妇女雕像，最使人过目不忘的是胸部完全裸露的持蛇女神，其形象之生动，令人惊叹。持蛇女神上身短小紧束，两乳全部裸露在外，下身长裙盖足，为数段搭接而成，且每段捏有很多褶襞，裙体造型呈钟型，如图1-1所示。这两大服饰特色似乎可寻西方着装理念之根源，即显露体型和三维立体性。学术界普遍认为，其裙子内部有裙撑，材质初步被推断为灯心草等草木或金属。

但从本质上分析，这一服饰形象并非为表现社会地位和身份，而是对人体自然属性的最直接表达。但其却为西方礼服奠定了基础，在造型和思想上成为礼服的渊源。

而公元前1700年~公元前1550年的古希腊，虽然服装的性别特征是模糊的，但服装的款式却极为经典，构成单纯朴素，仅为一块长方形的布料，不需任何剪裁，通过在人体上披挂、缠绕或系扎固定来塑造具有优美的悬垂波浪褶饰的宽松型服装形态。这种自由优美的服装通过古希腊雕塑呈现在我们眼前，如图1-2所示，正是这种经典的款式映射出了现代礼服的影像。

(1) 赫拉女神雕像　　　　　　　(2) 处女的行列

图1-2 古希腊女装

---

❶ 希腊最大的岛屿，在地中海中，爱琴海之南。是古代爱琴文化的发源地，是希腊古老文化中心、地中海著名旅游地。有"海上花园"之称。

古希腊文明对后来的西方文明有着深远的影响，在现代奥林匹克运动会上，女祭司遵循古希腊的传统，着古希腊礼服，在奥林匹亚的赫拉神庙前朗诵颂词，以致太阳神。在这一神圣的典礼上，女祭司利用凹面镜，对准太阳光，引燃象征着光明、团结、友谊、和平、正义的圣火。来自遥远年代的传统礼服在整个竞技礼仪过程中无比庄严、肃穆、优美，奥林匹克运动会圣火点燃仪式及穿着的服装如图 1-3 所示。

图1-3 奥运会圣火点燃仪式及穿着的服装

在古罗马时期发展起来的基督教❶影响着以后几个世纪的欧洲文化，并渗入到生活的各个方面。古罗马风格的服饰，也成为基督教宗教服装的原型，如图 1-4 所示的古罗马女子大围巾式服装。古罗马样式的服装以其所承载的宗教情节，逐步演变和发展，成为教会组织、教会成员所约定俗成的统一服装，如图 1-5 所示的表现中世纪婚礼服装的阿诺芬尼夫妇像。

二、中世纪礼服的特色（Characteristics of Medieval Ceremony Dress）

中世纪的服饰文化特征受基督教的影响极深。而"哥特式"的艺术成为中世纪最辉煌的

图1-4 古罗马女子大围巾式服装

❶ 公元 313 年，罗马皇帝君士坦丁颁布了"米兰敕令"给基督教会以合法地位。到公元 380 年，宣布基督教为罗马帝国国教。

成就，礼服的造型与建筑上讲究的高耸入云、神秘天国的幻觉相呼应。因此，礼服上出现了纵向垂直线，并延长帽饰、拉长足饰，典型的哥特式女孩如图1-6所示。

图1-5　阿诺芬尼夫妇像　　　　图1-6　典型的哥特式女孩

三、近世纪礼服的繁荣（Prosperousness of Ceremony Dress in Latest Century）

（一）文艺复兴盛期

文艺复兴盛期，人们摆脱了宗教思想的束缚。这个时期的人们在装扮自身上花的金钱和精力是巨大的，以此来追求梦想，体现个性，反对禁欲主义。此时出现了突出胸部、收紧腰身、突出人体立体感的服装造型，文艺复兴时期女子服饰如图1-7所示。

这一时期，礼服的工艺和造型上以遍布周身的切口式、褶皱式、填充式（膨化式）及下身装束为代表。而现代礼服的影像也得以出现，即裙撑在这一时期的广泛应用。裙撑的作用在于改变女子裙装的外部廓型，使裙子的底摆张开，呈钟型。裙撑不但在当时迅速流行于英、法、德、意等国，并间断地流行了近400年，而且在西方礼服发展中扮演着非常重要的角色。在文艺复兴后期，裙撑还演变成裙垫及裙撑和裙垫相结合等形式。裙撑的广泛应用和多层裙装的流行，奠定了女子礼服上下分裁、两段式结构的形式。伴随着裙撑同时出现的便是紧身胸衣的风尚。从文艺复兴初期的展现自然体态，到古典艺术风格时期的把女子的上身束缚成"标准"体型，直至摧残健康。据史料记载，法国国王亨利二世的王妃卡特琳

(1)抱独角兽的女子

(2)多纳·伊莎贝尔·德·雷克森斯肖像

(3)拉伊丝·科林西亚卡

(4)披纱女郎

图1-7　文艺复兴时期女子服饰

娜·德·梅迪契（意大利佛罗伦萨梅迪契家族的公主）认为最理想的腰围尺寸应是约33cm（13英寸），据说她的腰围是40cm，而她的表妹玛丽·斯图亚特的腰围只有37cm。为了达到这一"标准"，残酷的铁制胸衣登上历史舞台。紧身胸衣增强了女性身体的曲线特征。使其从一出现就很快遍及欧洲，并流行和延续了近

500年。由于文艺复兴时期女子紧身胸衣、裙撑、填充物与支架的应用，使得女性服饰外轮廓为X型，这种影响持续至今，与女性礼服上轻下重特色相对的是男性礼服的上重下轻。

（二）巴洛克样式时期

文艺复兴之后是装饰过剩的奇异装束时代，17~18世纪时期的欧洲宫廷将礼服推向了极致的华美。17世纪，即巴洛克样式时期，礼服着重强调豪华和浮夸，凸显体积感，大量使用蕾丝花边、丝绸、天鹅绒、各色花缎等贵重材质，内附裙撑或硬质衬裙，巴洛克时期的女子服饰如图1-8所示。

(1) 玛格丽塔公主　　　　　　(2) 玛切莎·布亚多利亚·斯皮诺拉

图1-8　巴洛克时期女子服饰

（三）洛可可样式时期

18~19世纪初是强调女性曲线造型的洛可可样式时期，这一时期，女性礼服走向了豪奢的波峰。服装追求的是形式美和人工意味，趋向精致而幽雅，具有装饰性。其色彩、面料豪华，图案丰富，强调漩涡状花纹，充满了田园气息，洛可可时期女子服饰如图1-9所示。

四、近代礼服的多元（Diversification of Contemporary Ceremony Dress）

近代（特指1789年法国大革命到20世纪初，1914年第一次世界大战爆发），礼服承载着政治、经济、科技、文化的剧烈变化，并且随之变化。

(1) 玛丽·豪子爵夫人

(2) 韦斯特伦家族

(3) 西登斯夫人

(4) 布罗日里公爵夫人

图1-9　洛可可时期女子服饰

20世纪的时装潮流，在起始阶段，巴黎驰骋在时尚的最前沿。但是，很多国家的宫廷服装还在作为流行源头。

19世纪末到20世纪初，巴黎时装界陆续出现了一批著名的服装设计师，历史进入到一个由设计师创造流行的新时代，礼服设计在这一时期升华到了一个新的境界。而这里所说的流行主要指的是女装，近代女子的礼服已不加裙撑，如图1-10所示。

从服装样式上看，近代女装通常被分为五个时期，即新古典主义时代、浪漫主义时代、新洛可可时代、巴斯尔时代、S型时代。

新古典主义时代效仿古希腊、古罗马的自然风格，摆脱了紧身胸衣、裙撑、臀垫的束缚，穿起了薄如蝉翼的白棉布宽松衬裙式连衣裙，凸显古典、宁静之美。浪漫主义时代女性礼服重新启用紧身胸衣，裙体、袖子、领子、面料、色彩、首服等体现出一种轻盈飘逸、充满幻想色彩的典雅气氛，这时，名演员的着装引领时尚。新洛可可时代又一次复兴了18世纪的洛可可风，宫廷又一次成为流行的

(1) 埃莉诺·布诺科斯

(2) 安格纽夫人

(3) 德米朵芙公主

(4) 以撒·牛顿·菲尔普斯·斯托克斯夫妇

图1-10 近代女子不加裙撑的礼服

中心。1858 年，英国人沃斯（Charles Frederick Worth）在巴黎创立了自己的高级时装店，其顾客为上流社会的名流或交际女性，以拿破仑三世的王后、活跃于高级社交界的欧仁妮（Engenie）为首。使礼服设计走向个性时尚和经典，沃斯亦成为擎起巴黎高级女装大旗的第一位设计师。巴斯尔时代的女性礼服最大特色是凸臀，另外拖裾十分普遍，最长可达 1 ~ 2 米。S 型时代，受新艺术运动影响，女性礼服的整个外形变得纤细、优美、流畅，呈 S 型。在这一时期，女性礼服的主要造型依然为"上紧下膨"，与此同时，无裙撑式的礼服设计也被推上了历史舞台。

第一次世界大战期间出现了特色鲜明的"鱼尾裙"。这一时期，女性礼服向合体和舒适方向发展，款式多为袒胸、露背、紧身的 X 型，其色彩和面料则追求多种变化。

20 世纪 60 年代，一股挑战传统禁忌的着装心理风靡全世界。牛仔裤、迷你裙、喇叭裤、不戴胸罩等着装现象出现；舞会上亦出现了一种无袖、裙长及膝的晚礼服造型。

20 世纪 70 年代，着装者的理念受到世界政治风云变幻、欧美经济起伏的影响，自我意识不断加强，世界高级成衣业处于繁荣时期。这一时期，礼服的流行不是单一的，而是多样化的，且与成衣不断交融，其造型变化丰富，传统样式与自由、前卫的短裙礼服共同驰骋于时尚界。

五、现代礼服的时尚（Fashion of Modern Ceremony Dress）

现代社会，礼服设计融入了世界流行趋势，注入了服装设计师群体的智慧和力量，礼服的造型、面料、图案等丰富多彩、变幻无穷，展现出简洁、舒适、时尚、个性、文化的特色，反映出人们对更高生活品质的追求、自我价值观和个性的表达，带给人们更多的是一种自我肯定和精神上的愉悦。

现代礼服的设计思路早已走出了传统局限，裤装、超短裙等也理所当然地走入了礼服的行列。面料上不断推陈出新，跨越风格的牛仔等面料的运用与搭配也被设计师巧妙运用到礼服设计中，高科技及特殊材质面料尤为得到时尚界的关注。装饰及工艺上也在继承与突破间迎合时尚理念，创造全新个性。

礼服的发展渗透着社会思潮和时尚因素的影响。在不同的礼仪场合穿不同礼服已经成为不容忽视的着装行为和礼仪规范。社会经济发展和生活质量的提高带动了服装行业的高速发展，在世界经济一体化的今天，中国礼服业也在不断发展和壮大，现已逐步形成有中国特色的礼服设计和产业。潮州、上海、杭州、苏州、广州等地的礼服产业迅猛发展。值得特别关注的是潮州，它以巨大的礼服产业优势在全国及世界占有一席之地，是国内外最大的礼服生产聚集地和出口基地。2004 年，潮州被中国纺织工业协会誉为"中国婚纱晚礼服名城"。潮州的礼服产品主要以出口为主，80% 远销美国、西班牙、俄罗斯、芬兰、东南亚、中东等20 多个国家和地区。

现代婚礼服较传统婚礼服淡化了其宗教内涵，而突出了国际流行趋势和时尚性，其风格也走向了多元。或精美典雅，或简洁俏丽，极大地丰富了不同层次、不同消费者的需求。

　　现代礼服成为用于参加各种礼仪活动，如晚会、宴会、出访或接待宾客等穿着的服装。由于现代人的生活方式，白天工作，晚上休息娱乐，因而派生出专门用于晚间活动的晚礼服（晚装），也产生出应用于不同场合的礼服样式。

　　明星参加的颁奖晚会、演唱会以及与观众、歌迷的见面会，其着装形象代表着个性、气质和审美，这时，穿着独具个性的礼服，会使其更加星光闪耀。

　　演员表演传统舞蹈和歌唱时，合适的礼服能够烘托演出者的魅力，增强表演的感染力。

　　在传统交际舞舞会、假面舞会和舞蹈比赛上，演员穿着得体的礼服翩翩起舞是必不可少的。

　　参加商界、政界的社交活动，穿着高贵的礼服则是表达相互尊重的形式之一。随着全球化的发展，现代国际商务酒会无论规模大小，如果不是特别标明可穿便服外，一般都要穿晚礼服以示重视。

　　在较为正式的私人聚会、鸡尾酒会等场所，也应该穿着与环境风格一致的礼服。

第二节　礼服的廓型与分类
Outline and Classification of Ceremony Dress

　　廓型是指视觉的感官所能获知的外在整体风格、轮廓造型以及空间量感等。廓型是礼服造型的主要特征，是礼服款式造型的第一要素。礼服造型创意是彰显着装者个性时尚的重要标志，不同廓型呈现不同美感。审美角度不一样，对人体比例关系美的感受也不一样，认真体会其间差别，把握尺度，是礼服设计必修的内容。

一、礼服的廓型（Outline of Ceremony Dress）

　　礼服形态的变化特征在于廓型的变化，从集合形态的构成上看，礼服造型多样，特征也多元化。

（一）廓型表示法

1. 廓型表示法分类
　　廓型表示法主要有字母表示法和几何表示法。其中字母表示法是以英文字母形态表现礼服造型特征的方法，如A型、H型、X型、Y型、O型等。几何表示法是以几何形态表现礼服造型特征的方法，如圆柱型、圆台型、漏斗型、陶瓶型、球型、塔型、螺旋型等。需要说明的是，这种廓型分类既是简单的归纳，又是为了讨论问题的方便，因为服装是千变万化的，不可能泾渭分明，互不联系（如有复合型廓型、相互叠加的廓型等），因此，从概念上或形象上理解即可。

2. 两种表示法的关系

字母表示法和几何表示法是以不同的方式表示同一个形态。例如，A型与圆台型、塔型相对应，表示上小下大造型；H型与圆柱型相对应，表示上下同宽造型；X型与漏斗型相对应，表示收腰造型；Y型与陶瓶型相对应，表示上大下小造型；O型与球型相对应，表示膨胀型造型。本书根据礼服造型特点，采用几何表示法表示廓型。

（二）礼服的廓型特征

1. 陶瓶型礼服（Pottery Skirt）

从造型上看，陶瓶型礼服一般呈上大下小的T型、Y型造型。含蓄幽默，风格既可精致，亦可粗犷，具有很强的立体创意性，如图1-11（1）所示，可参阅第三章第四节图3-34。

2. 圆台型礼服（Rotary Table Type Skirt）

从造型上看，圆台型礼服裙摆逐渐加大呈自然垂下的形态（一般不采用裙撑）。在视觉上呈现风格典雅、浪漫、飘逸、端庄的特征，圆台型礼服较圆柱型礼服更富变化性，现代礼服多为选用，如图1-11（2）所示，可参阅第三章第四节图3-37。

3. 塔型礼服（Tower Skirt）

塔型礼服一般为加裙撑的形式，裙摆放大明显，廓型像金字塔（有棱角）或圆塔（无棱角）形状。其风格大气、踏实稳定、气势恢弘，可产生强烈的视觉效果，如图1-11（3）所示，可参阅第三章第四节图3-38。

4. 钟型礼服（Campaniform Skirt）

钟型礼服一般在腰部或腰下部开始造型饱满、圆润、膨胀，有庄严的视觉效果，与紧身上衣形成强烈对比，沉稳、自信，一般适用于体现独特个性的展示类礼服，如图1-11（4）所示，可参阅第三章第四节图3-39。

5. 球型礼服（Spheroidal Skirt）

球型礼服一般为上身适体，下裙膨大；上下身合体，腰间膨大；全身适体，肩部膨大等。即在胸、腰、臀、肩、摆等处设计膨大球型。可采用裙撑、堆积褶纹、缩缝叠加花边等手法制作，在视觉上有扩张感、量感，如图1-11（5）所示，可参阅第三章第四节图3-40。

6. 漏斗型礼服（Funnel Type）

从造型上看，漏斗型礼服一般呈上大、下大的X造型。款式上既可以是干练短裙，又可以是端庄长裙，是较能显示女性妩媚特征的造型之一。在形式美上增添了动感和变异，如图 1-11（6）所示，可参阅第五章第二节的款式。

7. 螺旋型礼服（Spiral Type）

螺旋型礼服原本不属于廓型之列，因为礼服应用得较多，比较有代表性，因此将其归结为廓型。一般是在圆台裙、塔型裙等廓型基础上，通过分割裁剪与装饰手段来取得螺旋效果，使礼服呈现不对称式的、流水般的动感美。螺旋型不仅打破了礼服款式及人体的平衡，而且更加生动和别致，风格婉约，如图 1-11（7）所示，可参阅第五章第三节的款式。

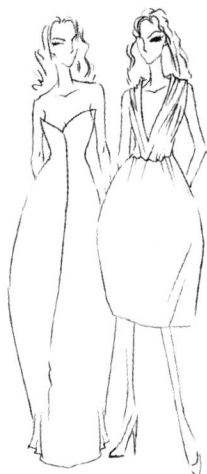

(1) 陶瓶型　　　　　　　　　　　　　(2) 圆台型

(3) 塔型　　　　　　　　　　　　　(4) 钟型

图1-11

(5) 球型　　　　　　　　　　(6) 漏斗型　　　　　　　　　(7) 螺旋型

图1-11　礼服的轮廓

上述廓型不仅随着比例的变化而改变其外观，而且还会因形与形、形与体、体与体的相互组合，使礼服的外观形态产生丰富的变化。因此，要不断探索影响构成廓型的各种因素及型的重复和重叠所导致的形态变化等关键问题，创造出具有动感、空间美感的礼服形态。

二、礼服的分类（Classification of Ceremony Dress）

无论是传统礼服还是现代礼服，其穿着目的均在于表现参加仪式或集会的心境，也是对他人及自身尊重的表现。因此，礼服的颜色、款式、风格等要适合礼仪场合的格调和气氛。

（一）按着装场合分

按着装场合分，礼服通常被分为正式礼服、准礼服、略式礼服。

1.正式礼服

正式礼服的着装场合为盛大而隆重的特定礼仪活动，因级别高，对其颜色、款式、材料一般都有规定。如夜间盛大的宴会、酒会、戏剧、舞会、皇室成员、国家大使级的招待会、古典音乐会等场合。现代正式礼服是极个别的阶层和特别的典礼才穿的礼装，一般情况下几乎不用。夜间穿着的礼服比白昼穿着的礼服更为正式，图 1-12 所示为 2010 春夏

图1-12　正式礼服

MODA STYLE 中黎巴嫩女装礼服中的晚装，由此对现代晚礼服的风格与时尚可见一斑。

2. 准礼服

准礼服又名"略礼服"或"简礼服"。是以正式礼服为标准，为正式礼服的略装形式，也是正式场合中穿着的社交礼服。准礼服较正式礼服在用料、造型、配饰上有一定的区别，具有正式的特点，同时也与流行紧密结合。一般出席现代的仪式集会时，大部分人是穿简礼服式的服装，如图1-13所示。

3. 略式礼服

有学者将略式礼服命名为"新礼服"，在继承传统礼服的同时亦有创新，较传统礼服前卫、时尚、舒适、个性。略式礼服取消了传统礼服在穿着时间、款式等方面的束缚和制约，自由性强，没有过多形制上的制约，适合场合更为宽泛，如图1-14所示。

图1-13　准礼服

图1-14　略式礼服

（二）按穿着时间分

按穿着时间，礼服通常可分为日间礼服和晚礼服。

1. 日间礼服

日间礼服也称"午后正装"，主要是指午后 1:00 ~ 3:00 参加社交活动穿着的正式礼服，如参加宴会、婚礼、音乐会、出访等社交场合时穿着的现代礼服。日间礼服款式简洁、大方、庄重，为七分袖或无袖的连衣裙，裙长从及膝至长裙不等，裙长越长越正式。也可以采用别致中带有时尚气息的连身裙、外套两件套装，裙长至膝盖的小礼服，使着装者显得更加具有朝气。日间礼服在材料上可选用缎、塔夫绸等闪光织物，搭配钻石或金属饰品、有光泽的华丽小包、长至肘关节以上的手套等。例如，裙套装礼服是职业女性在职业场合出席庆典、仪式时穿着的礼仪用服装，可以表现出优雅、端庄、干练的职业女性风采。与短裙套装礼服搭配的服饰应体现出含蓄庄重，以珍珠饰品为首选。

2. 晚礼服

晚礼服一般是指晚上 20 : 00 以后穿着的正式礼服，产生于西方社交活动中，在晚间正式聚会、仪式、典礼上穿着的礼仪用服装。不过，根据一些地区夜晚来临早晚的不同穿着时间也有所区别。晚礼服一般裙长至脚面，面料飘逸、有垂感，颜色以黑色最为隆重。传统晚礼服面料以夜晚交际为目的，为迎合夜晚奢华、热烈的气氛，多选用丝光面料、闪光缎等一些华丽、高档的材料。晚礼服风格各异，西式长礼服袒胸露背，呈现女性风韵。晚礼服根据不同场合的需要又分为晚宴服、典礼服和舞会服，常配以披肩、外套、斗篷、手套等。传统晚礼服强调女性窈窕的腰肢、夸张的臀部以及裙子的重量感，肩、胸、臂的充分展露，为精美的首饰留下了表现空间。例如，低领口设计，以装饰感较强的设计来突出高贵优雅，有重点地采用镶嵌、刺绣、领部细褶、华丽花边、蝴蝶结、玫瑰花等。晚间小礼服是在晚间或日间的鸡尾酒会正式聚会、仪式、典礼上穿着的礼仪用服装，裙长在膝盖上下 5cm，适宜年轻女性穿着。

（三）按风格分

按照风格，礼服通常分为简约风格、浪漫风格、华丽风格、俏丽风格和性感风格等（可参阅本书第九章）。

1. 简约风格

简约风格的礼服把人作为主体来表现，烘托着装者的气质，使人们的注意力更多地关注着装者本人，给人一种整体简洁的印象。简约风格是现代实用性礼服常采用的风格形式，结合精湛的剪裁技术、高档的面料以及精致的首饰，有一种高雅之美。

2. 浪漫风格

浪漫风格的礼服强调优美的花边、碎褶和蝴蝶结等造型元素，营造优美浪漫的气质，常采用蕾丝花边、多层半透明纱和碎花图案，给人一种愉悦的视觉体验。如公主风格的礼服采用层层纱的叠加，结构上采用公主线，体现出上身优美的曲线，选择深领口或 V 字领，使颈部看起来更修长。

3. 华丽风格

华丽风格的礼服选用光泽较强的面料，装饰采用珠片，缝制注重手工的繁复，配以精致的绣花，造型较为夸张和复杂，给人以豪华感。如皇后风格礼服采用高腰线，在胸部合身紧贴，裙摆呈微 A 字型，充分展现肩和胸的线条，在腰臀部位缀饰手工布花，穿插珠片组成的图案，产生熠熠生辉的效果。

4. 俏丽风格

俏丽风格的礼服轻松活泼，往往有独具特色的小创意，给人一种诙谐可爱的感觉，材料选择大胆，造型手法无拘无束，是礼服中较为另类的风格。

5. 性感风格

性感风格的礼服以展现女性妩媚体态为重点。多采用朦胧的薄纱为面料，产生若隐若现的朦胧美感；或采用黑色的皮革质地的材料，产生狂野不羁的感觉。

礼服在实际设计中，要根据场合、时间和使用目的综合考量，多种风格也可以互相穿插，但要注意礼服整体风格的协调统一。礼服设计从整体上主要体现在两方面，即外轮廓设计和内结构设计。礼服外轮廓设计通常讲究上紧下松的轮廓造型，同时外形强调扩张感与凹凸变化。由于礼服造型强调人体曲线的塑造，外轮廓线强调线型的流畅和优美，因此不同礼服轮廓造型虽然表达了设计师不同的设计理念，但是设计师追求礼服设计线条感的塑造却是一致的。礼服外轮廓设计如同软雕塑，体现出设计师的设计造型功力，表达着时尚的精髓。

第三节　礼服的造型手法
Modeling Technique of Ceremony Dress

礼服的造型手法形式多种多样，如褶饰、缝饰、编饰、缀饰、镂空、缠绕等，这也为礼服设计开辟了另类的创意空间。这些手法可以改变面料的表面肌理形态，使面料表面产生凹凸的肌理效果，由此增加礼服的层次感、浮雕感、立体感。借助材料的特殊性能和创新的工艺处理及完美的色彩组合，不仅可以营造出丰富的想象空间，强化视觉效果，而且丰富了礼服的细节，使礼服达到意想不到的效果，更能迎合个性化的着装观念。

一、褶饰设计（Pleats Design）

褶饰是利用面料本身的特征，经过人们有意识、有目的的创作加工，使面料产生各种形式和效果的褶纹，由于改变了面料本身的原有形式，使服装产生美感、动感、量感。褶纹的形成实质上是受外力作用的结果，由于面料的受力方向、位置、大小等因素的不同，产生了多种状态的褶纹，如叠褶、垂褶、波浪褶、抽褶、堆褶等。

1. 叠褶（Double Pleats）

叠褶是对面料进行有规律或无规律的反复折叠起褶，形成丰富、舒展、连续不断的纹理状态，其内部结构与褶裥息息相关。按其形成外观线型可划分为直线褶、横线褶、斜线褶、曲线褶，往往体现服装设计"线"的效果。叠褶造型轻盈、柔和、流畅、蓬松，有立体感，适用于服装主要部位的装饰。一般将叠褶工艺运用在腰部以下、肩部、胸部等。褶纹的疏密、凸凹、明暗光泽变化可给整体礼服带来丰富的韵律感和情趣。褶裥宽度要根据使用部位确定适中，避免褶量过少和过多。叠褶适用于有光泽度、挺括的面料，直丝、横丝、斜丝均可，如图1–15所示。其中图1–15（1）的礼服为在腰肋部呈发散状的多向褶；图1–15（2）的礼服的腰臀部有斜向的叠褶，胸部有叠褶花边；图1–15（3）的礼服胸部有斜向的叠褶，腰部有发散的叠褶，裙为竖向叠褶（百褶）；图1–15（4）的礼服腰部为叠褶，胸下为

(1)

(2)

(3)

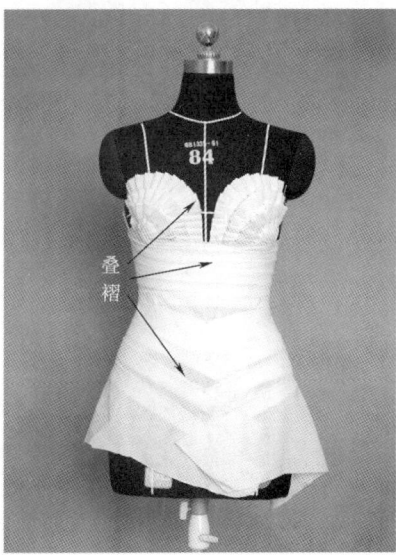

(4)

图1–15　叠褶设计

横向叠褶，腰部为斜向叠褶。

2. 垂褶（Draped Pleats）

垂褶即在两个单位间起褶，形成疏密变化的曲线（或曲面）皱纹，具有自然垂落、柔和顺畅、优雅华丽的特点。垂褶属于自然的活褶，能够随着人体的运动而产生变化，丰富了礼服的造型，是礼服褶饰中常用的造型手法，适用于胸、背、腰、袖山等部位的装饰，如图1-16所示。其中图1-16（1）裙子的下摆为垂褶；图1-16（2）裙子的侧摆有垂褶；图1-16（3）的礼服为胸部有垂褶；图1-16（4）的礼服为胸胁下有垂褶。

(1)

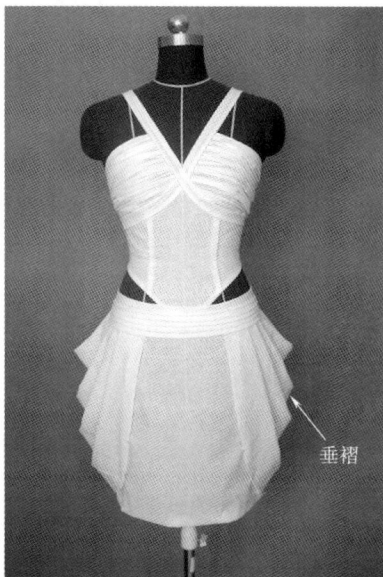

(2)

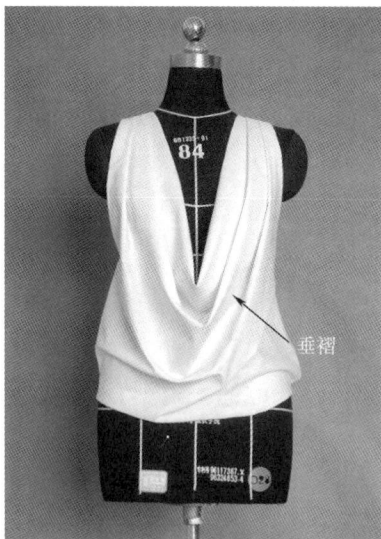

(3)

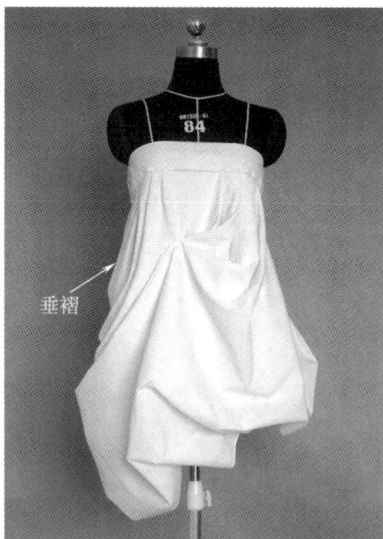

(4)

图1-16　垂褶设计

3. 波浪褶（Wavy Pleats）

波浪褶在连续的线上作为起褶单位，另一边缘呈波浪起伏、轻盈奔放、自由流动的纹理状态。波浪褶主要利用面料斜纱的特点及内外圈边长差数的不同，采用增大外圈线总长度的方法，使外圈长出的布量形成波浪式皱纹，是用于下摆、袖子、领子、边缘等部位的装饰。面料通常取斜纹，以悬垂性较好的素绉缎、双绉、真丝纱等为佳，如图1-17所示。其中图1-17（1）的礼服前中部为波浪褶，图1-17（2）的礼服肩部、裙摆为波浪褶。

(1)　　　　　　　　　　　　　　(2)

图1-17　波浪褶设计

4.抽褶（Shirring Pleats）

抽褶是以点、线作为抽褶的起褶单位，通过对布料的集聚、收缩或抽紧，呈现出自然、丰富、无规律、浮雕状的褶纹效果。一般情况下面料收缩前的长度为抽褶后的1.5 ~ 3倍，而抽褶效果好的面料为丝绸、天鹅绒、丝绒、涤纶长丝织物、薄型织物等。抽褶常用在礼服强调的部位上，如图1-18所示。其中图1-18（1）的礼服下摆装饰为抽褶；图1-18（2）的礼服裙体为抽褶。

5. 堆褶（Stacked Pleats）

堆褶是在面单位内起褶，并从不同方向堆积褶纹，使之呈现出具有疏密对比、明暗对比、起伏对比的生动的纹理状态，具有较强的立体造型效果。堆褶适用于各部位的强调和夸张，适宜选择折痕饱满、光泽度强的素绉缎、美丽绸、丝绒、天鹅绒、斜纹缎、尼龙纺等，如图1-19所示。其中图1-19（1）的礼服腰臀部为堆褶，胸肩部为叠褶，裙下摆为波浪褶；图1-19（2）的礼服胸部、腹部均为堆褶。

此外，直接对面料进行轧皱热定型的工艺也是礼服经常用到的手段。对面料

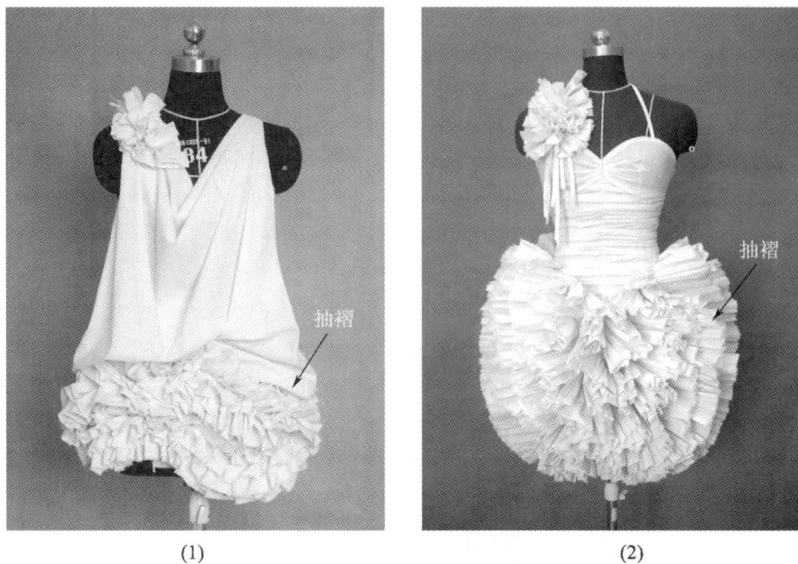

図1-18　抽褶设计

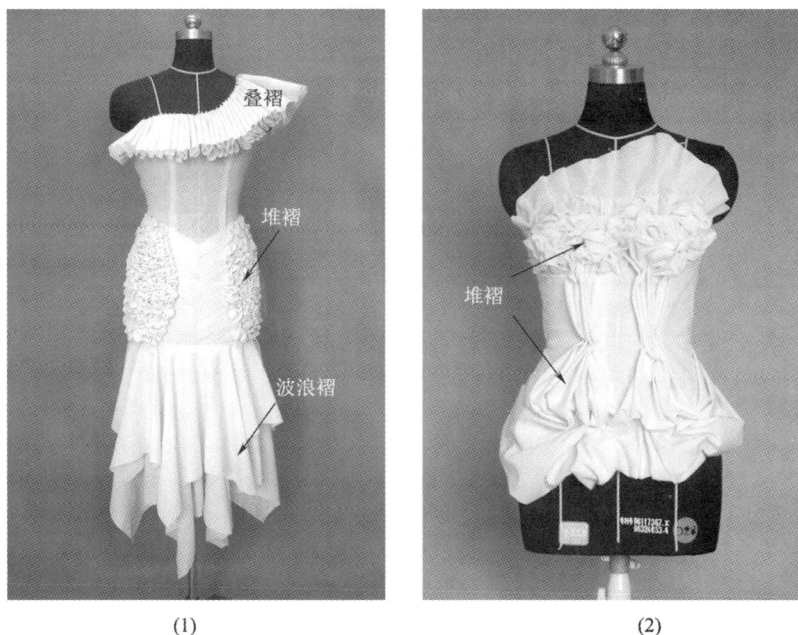

图1-19　堆褶设计

进行捆扎、扎结、平缝抽褶、穿线打褶等，可局部进行，也可整块面料进行操作，然后经过高温定型，形成各种不同形式的褶饰外观。

二、缀饰设计（Decorative Patch Design）

缀饰是在现有面料的材质上，通过缝、绣、嵌、粘、热压、挂等方法，添加与面料相同或不同的材料（如皮毛、珠片、珠管、花卉、羽毛、蕾丝、缎带、贴花、现成品等），形成凸出衣料平面、具有特殊美感并且符合礼服风格的图案、线条等，以其疏密、凹凸、节奏、均衡等形式，体现个性、趣味、时尚的设计效果。缀饰通常装饰在领、肩、腰等部位，包括头饰、颈饰、肩饰、胸饰、腰饰和摆饰等。缀饰常采用花卉型，可以是通过直接加上装饰性的、具象的花卉，亦可以是抽象的、通过波浪造型的叠加、面料色彩的呼应而产生花卉造型，如图1-20所示。其中图1-20（1）的礼服为腰部缀饰花卉，右胸顺延左髋骨处采用堆褶处理；图1-20（2）的礼服为腰臀部缀饰立体树叶；图1-20（3）的礼服为腰部缀饰立体图形，肩部与衣摆处缀饰纸鹤造型；图1-20（4）的礼服为颈部、腰部缀饰仿鱼、鱼鳞造型。

(1)

(2)

(3)

(4)

图1-20　缀饰设计

三、缝饰设计（Decorative Seaming Design）

缝饰是以面料本身为主体，在其反面或正面选用某种图案，通过手工（或机器）缩缝,形成各种凹凸起伏、柔软细腻、生动活泼的褶皱效果。其纹理精彩夺目，有很强的视觉冲击力。由于图案大小及连续性的变化，点的组合方式与缝线的手段变换，使其风格各异、韵味不同，但都会产生意想不到的效果和趣味，如图 1–21 所示。缝饰适用于服装局部与整体的点缀与装饰，常选用光泽度强、手感厚实的丝绒、天鹅绒、涤纶长丝织物等。

1. 无规律缝饰

无规律缝饰的图案可随机、自由地绘制曲线，可相互交叉、环绕，向任意方向流动。如图 1–21（1）的礼服胸部为无规律缝饰。

2. 有规律缝饰

有规律缝饰的图案是按某种规则设计的，遵循一定的规律，如网格纹由连续的正方形构成，卷花纹由连续的 V 字形构成。图 1–21（2）的礼服胸部、下摆均为有规律缝饰，只是胸部在反面缩缝，下摆是正面缩缝；图 1–21（3）的礼服腰部也是有规律缝饰。

3. 嵌绳缝饰

嵌绳缝饰的图案多以不相交的直线或曲线为主，其距离、疏密、角度可自定，图 1–21（4）的礼服为嵌绳缝饰。

四、编饰设计（Knit Ornament Design）

编饰设计是将不同宽度的条状（带状）物通过编织或编结等手法组成不同块

（1）   （2）

图1-21

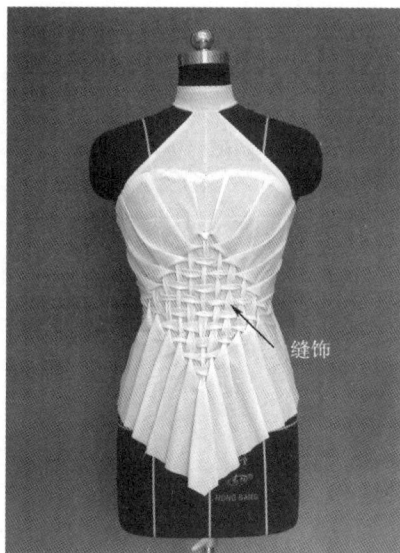

(3)

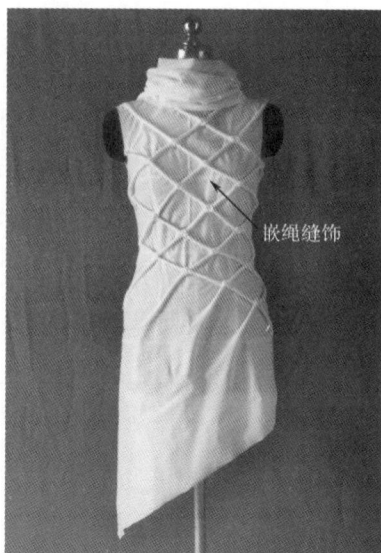

(4)

图1-21　缝饰设计

面，同时形成疏密、宽窄、凹凸、连续等各种变化。编饰能够创造特殊的形式、质感和细节局部，是直接获得肌理对比美感的有效方式，它给人以稳定中求变化、质朴中透优雅的感觉，能突出层次感、韵律感。编饰设计的材料可根据设计需求裁剪宽窄适度、均匀的编织条或直接运用现有材质。既可以选择棉布、素绉缎、电力纺、多色纱、美丽绸类织物进行裁条，也可以直接利用塑料、羽毛、皮条、不同质感颜色的绳子等。编饰有绳编、结编、带编、流苏等形式，如图1-22所示。其中图1-22（1）的礼服胸部为粗绳编，腰部为细绳编,裙摆处为缀饰；图1-22（2）的礼服胸部、腰部均为带编，裙摆处为缀饰；图1-22（3）的礼服胸部为充填条状编；图1-22（4）的礼服腰部为带编。

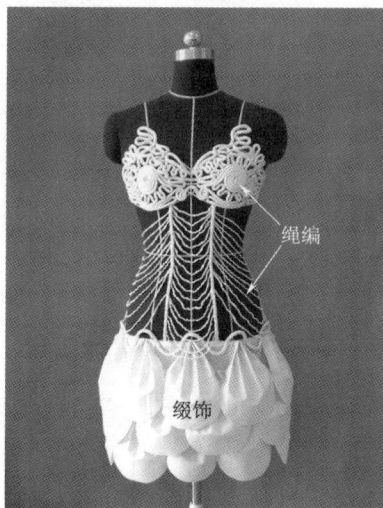

(1)

(2)

图1-22

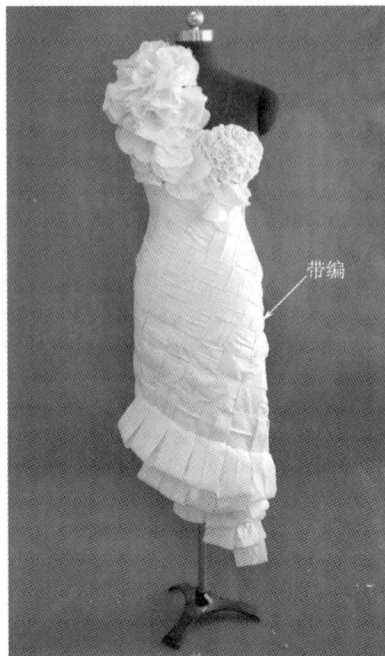

充填条状编

带编

(3)　　　　　　　　　　　　　　　　　　(4)

图1-22　编饰设计

五、镂空设计（Cut-out Desing）

镂空是在面料上将图案的局部切除，造成局部断开、镂空、不连续，切除部位还可以再进行钩织、拼贴、连接等工艺处理，使其表面形态更加丰富，产生一种特殊的装饰效果，如图 1-23 所示。其中图 1-23（1）的礼服肩部、腰部为镂空，颈部、胸部为带编；图 1-23（2）的礼服胸部下方为镂空设计，裙子为流苏设计。

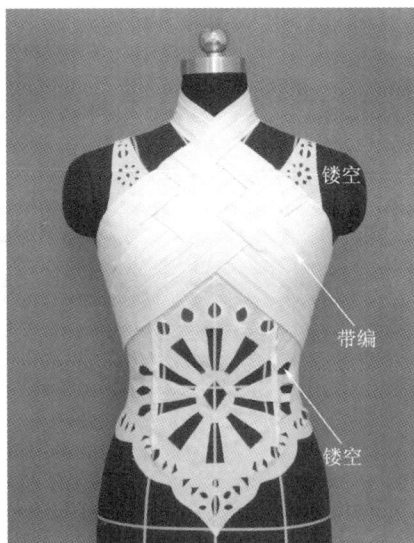
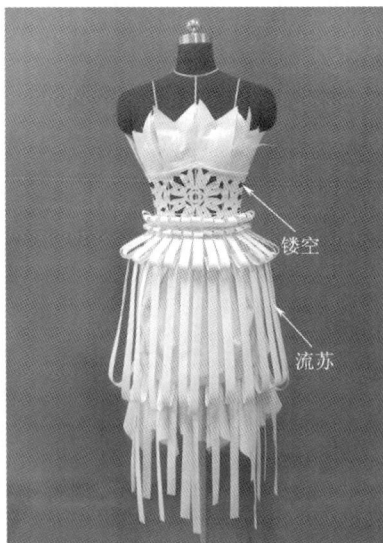

镂空

带编

镂空

镂空

流苏

(1)　　　　　　　　　　　　　　　　　　(2)

图1-23　镂空设计

六、缠绕与扎系（Wrap and Tie Form）

缠绕是依靠布料的悬垂性及人体外形的曲线进行造型，通过环绕、叠加的造型方法，将布料缠绕、包裹在人体上，最终形成立体感强、变化丰富和饱满的造型，具有自然、原始、随意的风格。扎系是将布料或绳带通过打结的方式固定在服装或人体上，常用在腰部，使宽松的服装能够与人体服帖。在礼服造型设计时运用缠绕方法进行造型，给整体着装形象带来生动活泼、高贵典雅的艺术感染力。缠绕通常利用材料45°斜丝的弹性性能，可以自由地扭曲，并形成变化的造型，适宜选择丝绸、美丽绸等织物，也可选用弹性、柔软或轻薄的材料。如图1-24所示为前后绕肩的绳缠绕效果，衣摆为缀饰；扎系参见本书第三章图3-5。

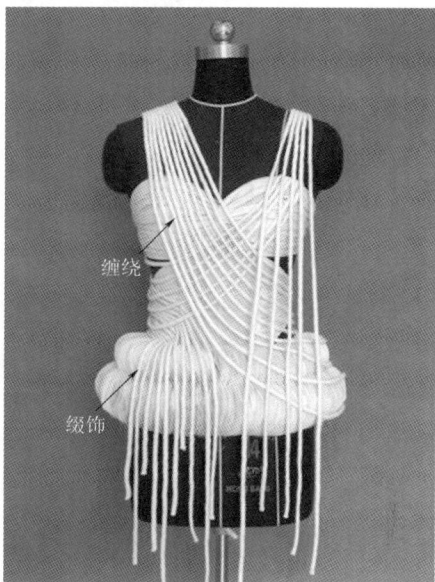

图1-24　缠绕设计

七、撑垫（Buns Roll）

为了丰富服装的外观造型，尤其是裙身造型，在礼服设计中，通常在面料里层加入填充物，这样做的目的在于使面料表面凸起，增加面料的厚实感及空间感。按撑垫质地和效果可将其分为两类，即软质撑垫和硬质撑垫。

1. 软质撑垫

软质撑垫内部的填充物为棉花、弹力絮等轻软的蓬松物。运用服装材料包裹填充物可使之增强体积感，且风格独特，充满创意性。曾有世界顶级服装设计大师在国际流行舞台上以"空气"为主题进行设计和展示，正是运用了丰富的软质撑垫；更有礼服设计师大量运用此类撑垫以增强设计效果。

2. 硬质撑垫

礼服通常采用手感柔软、悬垂性好的面料，但在设计上却时常要保留某种面料性能的同时，凸显其可塑性。这时，软质撑垫已经不足以实现设计意图了，因此黏合衬、铁丝、竹片、塑料片、钢圈、鲸骨等硬质撑垫应运而生。硬质撑垫的功能在于塑型与造型，塑型是塑造体型，利用钢圈、鲸骨等使腰部变得纤细、胸部更加突起等；造型可将面料离开人体，向三维空间延伸，进而形成体积感与夸张的立体造型。

第四节　礼服的设计原则
Design Principles of Ceremony Dress

礼服是服装的一个种类，除了符合服装的整体要求外，在设计上有其自身的特征。概括来讲，礼服的设计要注重适体性、功能性、适用性、审美性、艺术性和工艺性六项原则。

一、适体性原则（Fitting Body Principle）

1. 礼服设计的人体美

礼服展现了女性人体美，礼服设计首先要以着装者的体型和体态为基础，女性乳房隆起，背部稍向后拱起，颈部前伸，腰部纤细、髋骨较大，整个外形轮廓起伏较大，表现为圆滑的曲线过渡。礼服的整体造型围绕人体的体型特点，突出女性体态美。通常上装采用紧身构造，下装构造则自由发挥，产生丰富的变化。

2. 礼服设计的个性美

礼服要体现着装者的个性与气质，由于人的体型不同，礼服设计也要因人而异，突出着装者的个体因素就显得尤为重要。

身材娇小的人适合中、高腰礼服。应避免下身裙摆过于膨大，出现头轻脚重的缺点。肩袖设计也应避免过于夸张，如大泡泡袖或大荷叶边；上装可以华丽、多变化，裙摆和头纱避免过长；腰线可以呈 V 字微低腰设计，以修饰身材比例，增加修长感。

身材修长的人适用的款式较多，如鱼尾型礼服，但应注意服装与人的比例要协调。身材高瘦的人适合加强两肩的设计，显得更有精神，如大泡泡袖、荷叶边设计，上半身线条宜多变化，避免露肩、露胸的款式。

身材丰腴的人适合直线条的结构。不宜用高领款式，宜选低领；腰部、裙摆的设计应避免烦琐。对过于丰满或纤瘦的人，设计应简单又能展现胸线优点；下身丰满者不要以褶皱为设计重点。过于纤瘦的人，宜穿着高领、长袖的礼服，如多层次、荷叶边的礼服都很合适。

适体原则除了人体体型与体态以外，还包括人的肤色、脸型、气质等因素。对皮肤白皙的人可设计粉嫩色系的礼服，避免大红、黑丝绒等太厚重的颜色；皮肤黝黑健康的人可设计亮色系礼服，以搭配健康的形象并衬托肤色，应避免粉色系的礼服；偏黄肤色的人可设计中间色系的礼服。脸型也是礼服设计的参考要素之一，圆脸或颈部较短的人以落肩、低胸或 V 型领的款式为佳；方型脸的人适用于 V 型领或桃心领样式，应避免四角领设计；倒三角脸与桃心领设计不搭配，可设计船型或大圆领款式；鸭蛋脸的适应面较宽，没有特别限制。

二、功能性原则（Functional Principle）

礼服设计要适用于特定的行为。虽然礼服的设计以审美为主，但是，作为一种生活中使用的服装品种，在设计时必须考虑礼服适合人的各种活动。例如，鱼尾裙在腿部收紧部位的设计，应该以不影响人的走动为原则；用于影楼拍摄的礼服是静态拍摄时穿着的，可以设计得裙长及地，拍摄时散开的裙摆烘托出照片的唯美的视觉效果，如图1-25所示，但是穿这种礼服出席宴会就显得不太方便，又长又大的裙摆影响人的各种动作，如坐下、举臂、弯腰、拥抱和旋转等。设计礼服时还要考虑人的实际行为。例如，领口设计过低或者不够贴身，在鞠躬或弯腰时会走光；礼服为袒胸露背样式时，胸部就成了礼服的

图1-25　影楼拍摄用礼服

支撑位置，因此要求胸部不宜有松量，使着装稳固，达到舒适合身的要求；礼服设计过于复杂，材料不够轻盈，造型设计烦琐，重量就会过重，不但不利于人的活动，甚至会造成礼服的脱落。由于礼服往往是单件直接穿着在身上的，没有内衣保护，在设计一些特别的造型时，应该注意是否会划伤皮肤等。

三、适用性原则（Applicability Principle）

1. 礼服设计的标志性

由于礼服对着装者的身份、等级、职业、风格等有明显的标志及限定作用，所以，在礼服发展史上，皇族、贵族、官吏、军人、警察等特殊身份及职业的礼仪服装在面料、工艺、色彩、图案、造型、配饰等方面均具有极强的标志性。例如，在中国，"唐高祖武德初，用隋制，天子常服黄袍，遂禁士庶不得服，而服黄有禁自此始。"礼服设计师，特别是现代影视服装设计师，在进行礼服设计时，一定不能违背服装的标志性，这里同样承载着不同国家、地区、宗教、时代等的文化。

2. 礼服设计的传统性

由于礼仪服装是人们长期以来建立的服装规范，是在各种条件的相互作用下被社会公众认可的仪态、仪表准则。因此，礼服的色彩、款式、图案具有一定的约定俗成性。例如，白色在西方人眼里代表着神圣和纯洁；而中国红则意味着吉祥和福气；在信仰伊斯兰教的国家和地区，精致的小帽代表的是对天的崇敬。这

些服饰语言是一种文化，是人们之间的一种默契。这些来自于不同国家、地区、宗教等的传统习惯注定会对礼仪服装设计产生影响，而作为礼服设计师，无论是古代还是现代，都要对着装者背后的国度、宗教文化进行全方位了解，才能通过一定的传统手法来表现人类的信仰、理想及情趣，设计出符合人们传统观念、同时又有时尚理念的礼服，这是对传统的尊重和沿袭。

3.礼服设计的适应性

礼服的设计要适合特定场合。参加舞会的礼服可设计得较为华丽，裙摆宽大。婚纱非常讲究后背的装饰，实际上这是为了适应西方教堂、礼堂的，因为在教堂、礼堂结婚的时候，新娘背对着客人的时间比较长，这个时候实际上客人们都是在看新娘的后背。如果婚纱的后背设计得非常单调，会让人感到没有美感，因此教堂婚礼的婚纱装饰主要是在背后，而不是在前身；前身相对来说比较简洁，因为新娘一般都是手捧着花束。西式婚礼的礼服拖尾较长，是因为在宽大的教堂中举行婚礼，走过长长的红地毯，更显隆重与庄严。现在国内婚礼常用花车载着新人，过长的婚纱拖尾普通花车放不下，有时被勉强挤成一团，下车后长拖尾便会皱起，影响美观。

四、审美性原则（Aesthetics Principle）

礼服构成的元素形成礼服各种各样的风格，礼服设计需要使元素风格之间相互协调统一。

1.服饰搭配协调统一

穿戴礼服需要头饰、发型、手套、项链和鞋等的搭配。比如穿露肩晚装，高高挽起的发髻比披散下来的头发更加协调；年轻女性穿简约风格的礼服比穿珠光宝气的礼服更显协调。

礼服构成的细节元素，如花朵、钉珠、亮片、流苏和刺绣，每一个细节都应该相互统一协调，过于杂乱的工艺和装饰往往会画蛇添足。细节的亮点不宜过多，到处缀满大花的礼服让目光不知何去何从。适当的珠绣、蕾丝、蝴蝶结、丝带等作为细节亮点应起到画龙点睛的作用。

2.色彩材料协调统一

礼服设计需要统一材质和色调。礼服的色调要求与环境、着装者和场合相互协调，运用色彩搭配与色彩对比，达到所需要的设计效果。如柔和的色调搭配体现礼服内敛含蓄的美感。此外，与很多服装一样，一些搭配是礼服的经典样式，如黑色、露肩、拖地的款式是礼服的经典样式。

3.与时代流行相吻合

与其他类型的服装相对比，礼服设计更加注重审美性。美感是构成审美性的基础，美是一种和谐，是主观和客观的统一，既需要符合客观的标准，又要符合主体的审美经验和审美理想。美随时代的变化而变化。这就要求设计师把握时代流行，积累审美经验，学习和借鉴各种文化，创作出"形神兼备"的设计作品，使礼服设计更具魅力。礼服设计应注重大众审美文化，如太暴露的款式不符合大众审美，因而也限制了其存在的空间。

4. 与穿着文化相协调

礼服的设计创新要在共性的基础上突出个性，表现自我。礼服来自于西方，但是设计不能照搬西方款式，可以把西方元素与东方文化相融合。中国人和欧美人在心理上、生理上都有很大差异，中西方文化的差异造成了审美与习俗差异，所以在设计上也要因人而异。如西方婚纱的文化语言是"圣洁的、神圣的、梦想的、合法的"，白色在西方是表示纯真和洁白的颜色，象征纯洁、和平、高雅与纯真，所以婚纱一般采用白色。而中式婚礼文化则是"喜庆、吉祥、高贵、欢快"的，红色在我国汉族婚礼文化中是幸福、吉祥、喜庆的颜色，传统的新娘装红色是首选。从心理上看，中华民族的多数人气质是内向型的，性格较温和；而西方人则是外向型的居多，性格较活跃。与古希腊、古罗马的雕塑和绘画一样，西方女性服饰讲究比例、匀称、平衡、和谐，追求人性美、人体美，求个性大于求共性，她们的服饰文化更讲究人体曲线美的表达；中式礼服根据东方人的身材、气质以及审美差异，应突出表现东方人的内在精神气质，讲究装饰效果，如设计云纹刺绣纹样等，侧重于细节和装饰设计。

如图 1-26 所示的英国女高音歌唱家莎拉·布莱曼穿着带有鲜明法国红磨坊文化的礼服，礼服整体效果艳丽浮华，大胆地采用其他礼服很少用到的裤装，穿着红舞鞋，让人回到了那个欢快、迷人、带有一点醉生梦死的年代，很好地体现了礼服整体设计与文化的契合

图1-26 带有鲜明法国红磨坊文化的礼服

五、艺术性原则（Artistry Principle）

在不同时间、场合、地点的社交活动中，礼服的豪华精美、标新立异无不显示着着装者的品位和修养。这已不仅仅是一种礼貌，更可以体现着装者的审美趣味。礼服设计的艺术性也成为衡量设计师水平的一个重要标准。

1. 风格把握

礼服设计中不容忽视的设计要素是如何将传统与时尚生动地结合起来。现代

人追求的是清新、脱俗，传统、古典的礼服样式显然已经不能满足人们的穿着要求和对时尚的追求，套装和裤装同样可以打造女性高雅的气质。现代礼服的风格正在走向多元，或复古，或新潮，或豪华，或娱乐。礼服设计的风格只要与所处环境相协调，更好地展示出着装者风采就是成功的。

2. 装饰设计

在不同造型的礼服上进行装饰设计，是礼服设计从整体进入局部和细节的标志，装饰在礼服设计中起到画龙点睛的作用。通过钉珠、镶钻、褶皱、刺绣、缝绣亮片、金银线、手绘、镶边、人造花等装饰形式可以提升礼服的品位，强化其风格，使整体造型趋于雅致秀美、华丽高雅。

礼服的装饰部位十分考究，无论在领、肩、胸、腰、袖身、裙摆、门襟、袖口等任何一处进行装饰，都要经过设计师的反复推敲。而装饰图案的形态、大小、色彩、材料等的运用也要与设计主题及风格相一致，且要突出重点，与整体礼服造型和谐统一。

六、工艺性原则（Technology Principle）

礼服是艺术品，同时也是商品，美观是礼服最大的卖点，好的设计能够很快地吸引消费者。但是好的设计并不是天马行空般的随意创造，设计师的创造性一定要以市场为基础，要尽量避免自我性、随意性和盲目性。礼服作为技术和艺术的结合，设计方案需要有经济的合理性和工艺的可能性，不能为了设计而设计。

礼服的设计构思最终要通过工艺实现和完成。如果礼服采用复杂工艺，耗费很长时间才能完成，不仅人工和工时提高了礼服的制作成本，而且也使其适用人群受到局限。礼服设计要求经济合理，便于制作，满足不同层次消费的需求。一般而言，不提倡用繁复的工艺体现礼服的豪华，不合理的设计，过于强调装饰，过于夸张卖弄，则过犹不及。因此，礼服设计的工艺性是决定礼服价值的重要体现形式之一，是不容忽视的问题。成功的礼服设计是款式、面料、工艺的完美结合。

第二章 礼服材料与选配
Material and Selection of Ceremony Dress

第一节 礼服面料与特征
Fabric and Features of Ceremony Dress

礼服设计的三要素中，设计师最先接触和考虑的就是面料问题。通过在人台或模特儿身上披挂，充分了解面料的性能与特点，再根据其特点来设计与之相符合的款式造型。现代礼服设计，无论从纤维种类、织造方式、后整理和风格上选择的面料种类都很广泛，影响面料性能的因素也很多，但作为礼服设计者，设计师们最关心面料的外在美感、形成服装形态的表现力、织造结构和手感等。

礼服材料的设计和选择，着重展现女性的性感、妩媚、高贵、个性等完美魅力，高贵优雅的绸缎、轻盈柔美的网眼纱、精致奢华的蕾丝、高科技的创新面料等，都是礼服的常用面料。

一、经编网眼织物（Warp Knitted Mesh Fabric）

经编网眼织物是在织物结构中产生有一定规律网孔的针织物。网眼织物具有布面结构较稀松、坯布有一定的延伸性和弹性、透气性好、孔眼分布均匀对称等特点。孔眼大小变化的范围很大，小到每个横列上都有孔，大到十几个横列上只有一个孔。孔眼形状有方形、圆形、菱形、六角形、垂直柱条形、纵向波纹形等。孔眼在坯布中多数是连续在纵向左右交替分布的，也有分布在一条直线上的。

经编网眼织物使用原料的范围很广，基本上所有的原料都能采用，根据使用要求一般以5.9~59tex的天然纤维和2.2~68tex的合成纤维为主，人造纤维也常常被采用。天然纤维和人造纤维手感柔软，悬垂性好，若采用合成纤维，特别是涤纶丝，则手感硬挺，适合做立体造型。

经编网眼织物近几年不断登上国际时尚T型台，其透明感强，现已成为面纱、衬料、裙装甚至是整件礼服的主要面料，可塑造出立体效果。根据织物原料的不同，选用相应的染整工艺，一般呈现出以下几种外观效果。

（一）经编网眼织物烫金（烫钻）

面料表面加了烫金、烫银、喷银技术或珠光粉印花，使花纹与光泽成一体，科技感及时尚度强，更显礼服的奢华感，适用于婚纱或晚礼服的裙摆外层设计，如图 2-1 所示。

图2-1　烫金经编网眼织物

（二）经编网眼织物印花

印花处理工艺是在经编网眼织物表面印上图案，可以是具象的花卉图案，适用于具有宫廷风格的复古礼服；也可以是抽象的几何图形，应用于礼服的外层，显得现代而时尚，如图 2-2 所示。

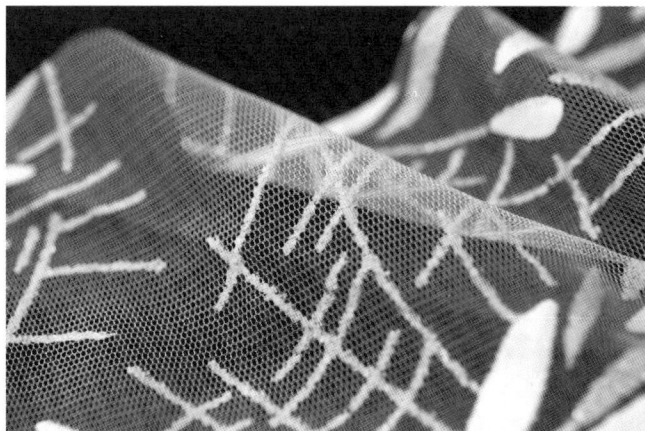

图2-2　印花经编网眼织物

（三）涤丝与金银丝交织

网眼织物在织造的时候加入金银丝线或七彩丝线，外观绚丽，随着光线的变化，呈现出隐约动感闪烁的光泽效果，适合做礼服的外层设计，也可在该面料的外层再罩薄纱面料，使光泽朦胧、含蓄，如图 2-3 所示。

图2-3　涤丝与金银丝交织经编网眼织物

（四）绣珠片

在经编网眼织物的表面用机器绣上珠片，一般分为提花绣珠、直条绣珠和散点绣珠。外观闪亮而触目，产生强烈的对比效果。

提花绣珠片经编网眼织物有一定的具象花纹图案，显得精致、华贵，适合礼服表面比较平整部位的装饰，以完整显示珠片花纹，如图 2-4 所示。直条绣珠片经编网眼织物则以几何线条为主，花纹规律，显示出严谨的机械美感，设计时，为了削弱其强烈的对比效果，可在外面罩一层薄纱，以稍显含蓄。散点绣珠片经编网眼织物没有特定的花纹设计，珠片随意散落在面料上，星星点点，自然，轻松，如图 2-5 所示。

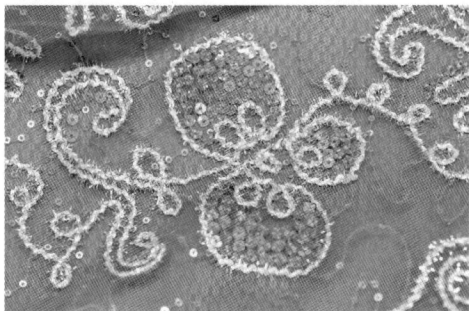

图2-4　提花绣珠片经编网眼织物

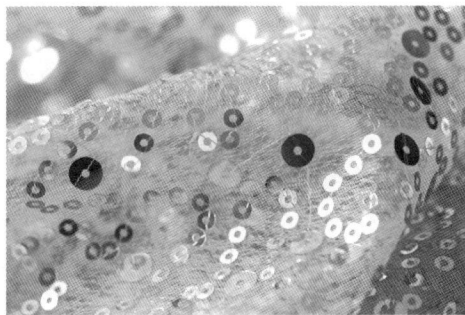

图2-5　散点绣珠片经编网眼织物

二、蕾丝织物〔Lace Fabric〕

蕾丝织物是一种舶来品，Lace 的译音。蕾丝是一种经编花边织物，是由衬纬纱线在地组织上形成较大衬纬花纹的针织物，最早由钩针手工编织。欧美人在女装特别是晚礼服和婚纱上用得很多。18 世纪，欧洲宫廷和贵族男性在袖口、领襟和裤边也曾大量使用。19 世纪初的帝政风格女装也好，随之流行的浪漫主义时装也好，或更晚些的克里诺林和巴瑟尔时期女装也好，在使用蕾丝方面比起前一世纪毫不逊色。20世纪初的新艺术风格时装更是变本加厉，如在S型造型的裙装上装饰些"瀑布般的"花边。

蕾丝分为手工蕾丝与机织蕾丝两种。具有悠久历史的手工蕾丝，在中世纪就已经有了完善的制作技法。但因其制作方法费时而且价格昂贵，所以只有特殊身份的人才能穿着以手工蕾丝作为装饰的服装。手工蕾丝是按照一定的图案用丝线或纱线编结而成，制作时需要把丝线绕在一只只小梭子上面，每只梭子只有拇指大小。一个不太复杂的图案需要几十只或近百只这样的小梭子，再大一些的图案则需要几百只小梭子。制作时把图案放在下面，根据图案采用不同的编、结、绕等手法来制作。一个不太复杂的图案要一个熟练的女工花上一个月或更长的时间才能够完成。因编结的手法因人而异，蕾丝作品一般都是一个人独立完成的，所以每一款蕾丝都是独一无二的。通常，蕾丝编结完工后要进行染色处理，而现在高级的蕾丝都要先纱染。直到1813年发明了动力纺织机，随着这些机器的发展，曾经昂贵的蕾丝价格也逐渐下降，现代服装上使用的"蕾丝"大都是机器生产的。

蕾丝设计秀美，工艺独特，经过精细的加工，呈现特殊的镂空外观，图案花纹有轻微的浮凸效果，似明似暗，半遮半透，有着精雕细琢的奢华感和体现浪漫气息的特质，如图2-6所示。蕾丝种类繁多，下面介绍几种比较常用的蕾丝品种。

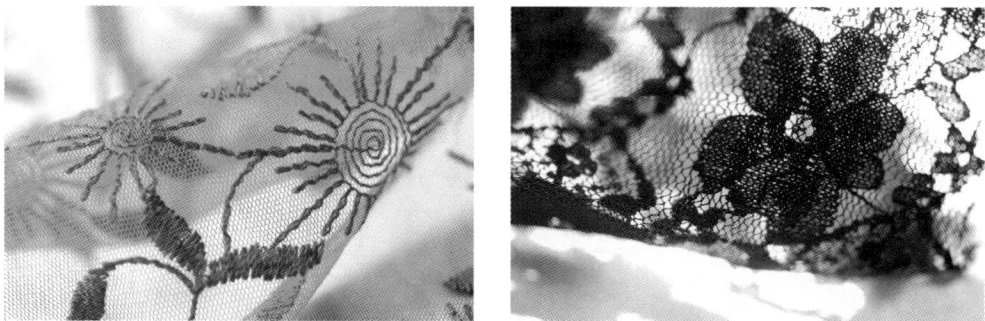

图2-6　蕾丝面料

（一）利巴花边（Leaver Lace）

1813年由英国人约翰·利巴开发的利巴花边机编织的花边，是模仿刺绣花边的纤细而优美的机械花边。利巴花边在19世纪中期流行，为今天机械花边的发展打下了基础。该品种以花卉组织结构的密与底布网眼的疏形成肌理对比，花纹细腻，有时加入金丝、银丝、七彩丝线以丰富色彩，如图2-7所示。

（二）粗线花边

粗线花边是用粗纱线在六角形网眼底布上圈出花纹轮廓的花边。此品种与利巴花边相比，立体感强，肌理对比更丰富，如图 2-8 所示。

图2-7　利巴花边

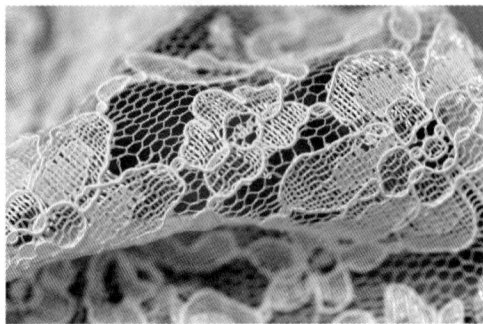

图2-8　粗线花边

（三）烂花花边（Chemical Lace）

烂花花边是在丝绸或水溶性维纶织物上用刺绣花边机整面刺绣后，再用化学药品、热水、水等溶解基布，只留下刺绣部分的具有厚重感的机械花边。烂花花边花型厚重，烂花部分镂空富有变化，适合用于礼服边缘的点缀装饰，如图 2-9 所示。

（四）抽绣花边（Drawnwork）

抽绣是抽拔基布的部分经纱或纬纱后编织剩余纱线来制作透孔图案的一种技法。抽绣花边最早是从意大利开始的，到 16 世纪传播于西欧各地，如图 2-10 所示。

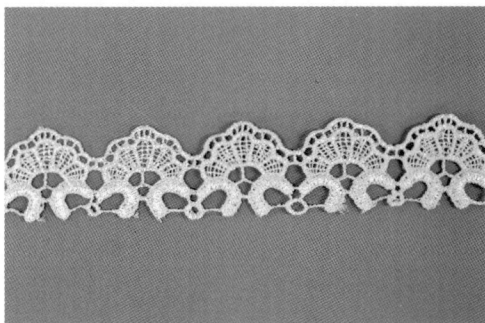

图2-9　烂花花边

图2-10　抽绣花边

（五）饰带花边

饰带花边是简单的窄幅绕线花边，也称巴尔门花边。将日本的编带宽度加大，并将图案编织进去。该花边主要用于边饰和嵌饰，如图 2-11 所示。

图2-11　饰带花边

（六）刺绣花边

刺绣即绣花。刺绣花边是用上等细布或乔其纱等薄型布料为底布，用手工刺绣机刺绣的花边。刺绣是在很长的历史时期里由世界各国的手工艺逐渐发展起来的，在各民族中都有很独特的配色和图案纹样。中国的刺绣艺术历史悠久，在民族传统手工艺中占有重要的地位。手绣花边是我国的传统手工工艺，生产效率低，绣纹常易产生不均现象，绣品之间也会参差不齐。但是，对于花纹过于复杂、色彩较多、花回较长的花边，乃非手工莫属，而且，手绣花边比机绣花边更富于立体感。在我国，手绣工艺具有悠久的历史，除了家喻户晓的中国四大名绣苏绣、湘绣、蜀绣、粤绣外，还有汉绣、鲁绣、发绣、绒绣、秦绣、黎绣、沈绣以及少数民族刺绣等卓越的技艺。

机绣花边采用自动绣花机绣制，即于提花机构控制下在坯布上获得条形花纹图案，生产效率高。机绣花边分为小机绣与大机绣两类，以大机刺绣最为常见。大机绣花边有效绣花长度为13.7m（15yd，1yd=0.9144m），在13.5m长的面料上绣花，可制成满幅绣花或裁成花边条。根据不同要求可以采用不同的绣花底布，从而制造出不同的花边种类，如水溶花边、网布花边、纯棉花边、涤棉花边及各类薄纱条子花边等，花型可根据需要随意调整。刺绣花边如图2-12所示。

图2-12　刺绣花边

（七）六角网眼花边

六角网眼花边主要用丝、锦纶、醋酯纤维、棉等纱线织造的网眼花边，具有六角形的网眼构造，一般以在六角网眼底布上进行刺绣的居多，如图2-13所示。

图2-13　六角网眼花边

（八）印花蕾丝

印花蕾丝是在成品蕾丝布上进行印花。一般印花的花纹设计较为朦胧、抽象，注重色彩的搭配。此品种色彩丰富，多在利巴花边和粗线花边上印花，如图2-14所示。

（九）珠片花式纱线蕾丝

珠片花式纱线蕾丝是在各类花边或带子上用珠片、绳带或花式纱线等结合手绣工艺制成的蕾丝或花边带。此品种层次感强，肌理对比丰富，加上珠片的点缀，散发着张扬的奢华感，如图2-15所示。

图2-14　印花蕾丝

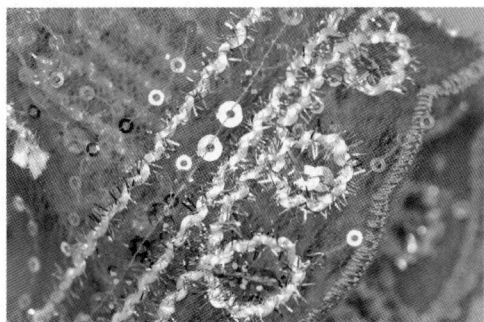

图2-15　珠片花式纱线蕾丝

三、缎类织物（Satin Fabric）

缎类织物是指织物的全部或大部分采用缎纹组织，质地紧密柔软，绸面平滑光亮的丝织物。缎类织物的原料可用桑蚕丝、人造丝或其他化学纤维长丝，一般多用先练染后织造的方法。某些桑蚕丝与人造丝交织的品种如软缎则采用生织匹染的方法生产。

缎类织物手感滑爽、光泽华丽、质地较厚，悬垂性好、有重量感、保暖性强，表现女性的成熟和优雅。其质感和光泽度深受设计师和穿着者的喜爱，是婚纱礼服必不可少的面料之一。缎类织物按其制造和外观可分为锦缎、花缎、素缎三种。

（一）锦缎

锦缎有彩色花纹，色泽瑰丽，图案精致，在织造上往往采用抛梭、挖梭、换道、挂经、修花等工艺。锦缎的生产工艺比较复杂，经纬丝在织前需染色，如织锦缎、古香缎等。锦缎产品色彩丰富、纹路精细、雍容华贵、瑰丽，用其制作的礼服散发着浓郁的民族风，如图2-16所示。

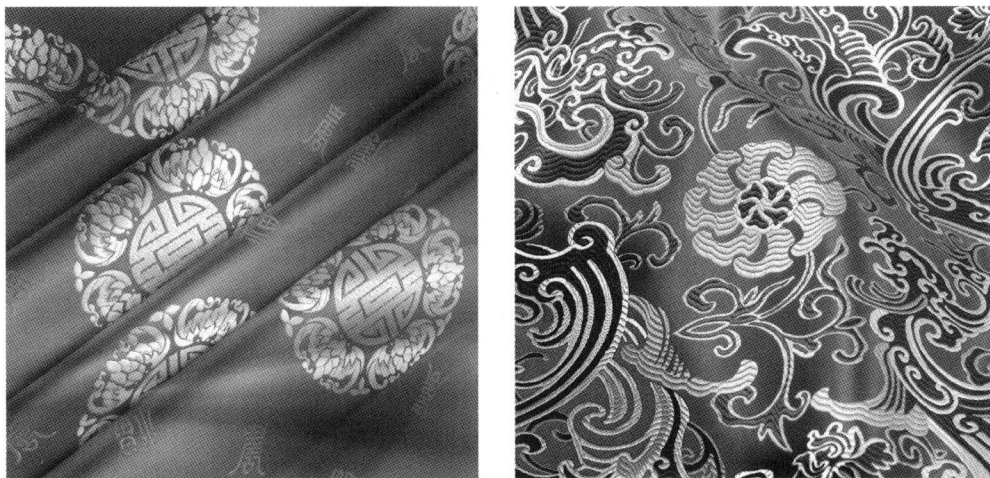

图2-16　锦缎

（二）花缎

花缎表面呈现各种精致细巧的花纹，色纯、典雅，是一种比较简练的提花缎类织物。花缎还经常利用经纬原料的化学与物理性能的不同，使织物呈现色调各异或织物表面具有浮雕感等特点，如花软缎、锦乐缎、金雕缎等。该产品的运用使礼服更显高雅，如图2-17所示。

（三）素缎

素缎是表面素净无花的缎类丝织物，如素软缎、素北京缎、素库缎等。素缎

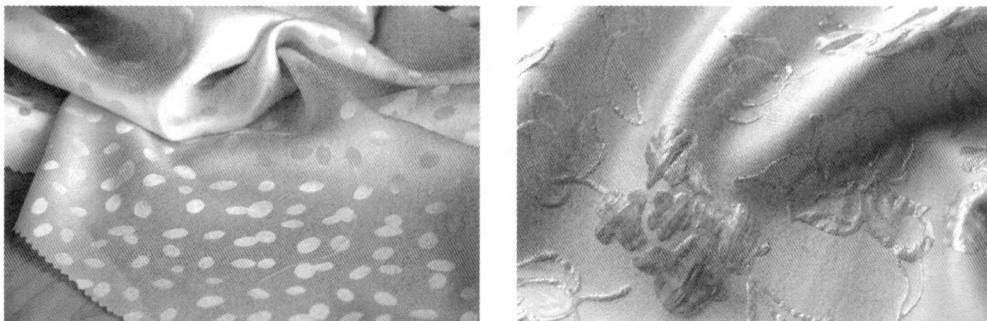

图2-17　花缎

柔软、光泽华丽，适合用立体裁剪的抽褶、叠褶、堆褶等艺术表现形式进行礼服的设计，通过不同方向、大小、疏密的褶皱，形成变化多端的优雅光泽，如图2-18所示。

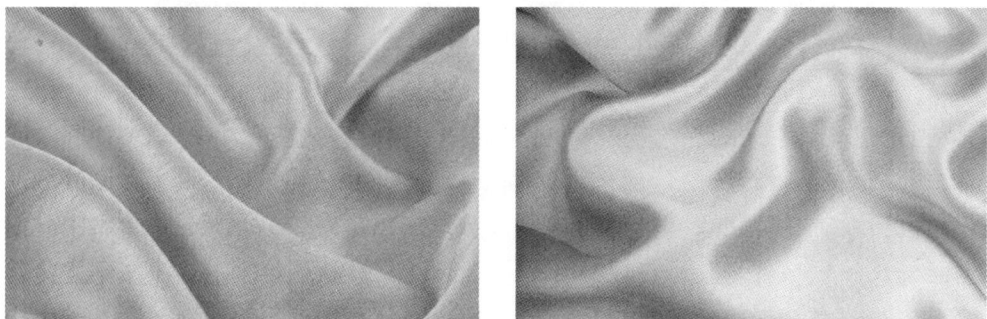

图2-18　素缎

四、纱类织物（Gauze Fabric）

纱类织物是婚纱礼服最常用的面料之一，用途广泛，既可以用来做主体面料也可用来做辅料。纱类织物具有轻盈、充满幻想的感觉，特别适合在上面装饰蕾丝、缝珠和绣花，华丽中藏着神秘，能够表现出浪漫朦胧的美感，各个季节都适用。

纱类织物适合制作渲染气氛的层叠款式、公主型宫廷款式的礼服，也可单独大面积用在婚纱的长拖尾上。如果是紧身款式婚纱，纱类织物可作为简单罩纱覆盖在主要面料上。对于纱质材料的婚纱，往往"层"这个概念很重要，可以考虑多层重叠的设计，因为层数太少，将会使婚纱看上去干瘪、没精打采、单薄，不够挺实、蓬松，无法达到婚纱隆重、浪漫、梦幻的效果。

（一）纱类织物分类

纱类织物根据纤维原料、组织结构、染整工艺的不同，可分为以下几种类别。

1. 水晶纱
水晶纱的质感较硬，透明度好，重量轻，较薄，形成自然优雅的光泽效果，多用来作为罩纱覆盖在主要面料上，如图2-19所示。

2. 七彩纱

用七彩纱线与涤丝交织，织物在光线的变化中，呈现缤纷多变的绚丽色彩，质感较硬，由于色彩丰富，使得面料透明感弱，多用于裙子外层的设计，如图2-20所示。

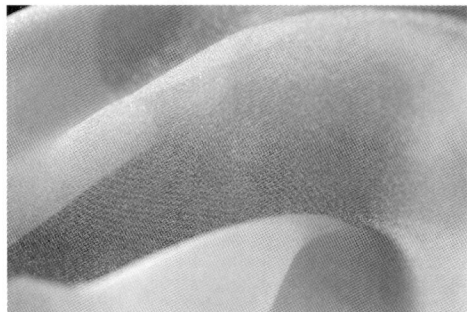 

图2-19　水晶纱　　　　　　　　　　图2-20　七彩纱

3. 珍珠纱

珍珠纱利用织物的组织结构，织物表面呈现犹如珍珠般的细小颗粒，异常光亮滑爽，色泽如珍珠般优雅。感觉轻柔飘逸，适合活泼、娇小的新娘，如图2-21所示。

4. 雪纱

雪纱手感细腻柔滑，透光度不高，多用来染上鲜艳的色彩制作异域风情的礼服，如图2-22所示。

图2-21　珍珠纱　　　　　　　　　　图2-22　雪纱

5. 冰纱

冰纱的网格比较厚密，反光均匀，硬度适中，适合做空间感强的立体造型，如图2-23所示。

6. 头巾纱

头巾纱又叫网格纱，顾名思义，一般都是头纱的主要用料，如图2-24所示。

图2-23 冰纱 图2-24 头巾纱

7. 乔其纱

乔其纱的面料轻盈、飘逸、悬垂性好，具有丝的柔性及轻薄特性，触感柔软，看上去清爽凉快，适合夏天穿着。乔其纱经常采用印花工艺，表现少女的清纯、烂漫，如图 2-25 所示。

图2-25 印花乔其纱面料

（二）纱类织物染整工艺

纱类织物根据染整工艺的不同，呈现出绚烂缤纷的外观效果，现介绍几种常用的染整装饰表现手法。

1. 胶浆印花

胶浆印花属于覆盖在面料上面的一种直接印花工艺，并能够添加珠光粉、超微铜／铝／锡等金属粉末达到特殊色泽视觉效果，也可添加发泡剂调和印好后加热达到发泡立体的效果。该产品色彩丰富，形象逼真，立体感强；但由于手感较硬，不宜印制大花型，如图 2-26 所示。

2. 烫金银粉

烫金银粉是利用专门材料印花后通过热转印电化铝到纱类织物上得到金属质感的新颖印花效果。烫金银粉的面料亮光闪闪，更显高档，如图 2-27 所示。

胶浆印花（加发泡剂）　　　　　　　　胶浆印花（加金粉）

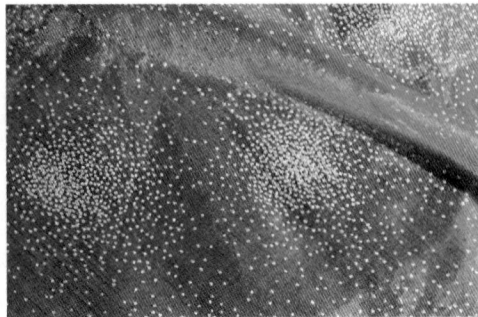

图2-26　胶浆印花

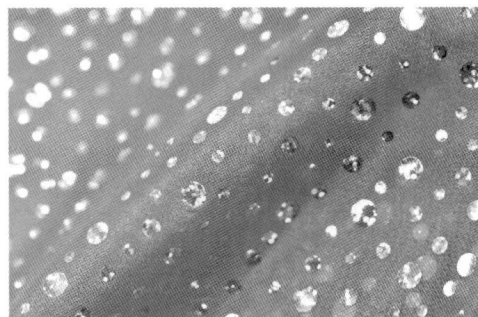

图2-27　烫金银粉

3. 植绒印花

植绒印花是把纤维绒毛（约 1/10~1/4 英寸，1 英寸 ≈ 25.4mm）按照特定的图案黏着到纱类织物表面的印花方式。该工艺分为两个阶段，首先，用黏合剂（而不是染料或涂料）在织物上印制图案；其次，把纤维短绒黏合在织物上，纤维短绒只会固定在曾施加过黏合剂的部位。大多数情况下，短绒纤维在移植到织物上之前先要染色，植绒印花如图 2-28 所示。

4. 褶皱处理

褶皱处理是利用加入氨纶织造起皱、机器压皱、加起泡胶褶皱等工艺，使纱类织物产生褶皱，形成丰富的肌理效果，如图 2-29 所示。

图2-28　植绒印花　　　　　　　　图2-29　机器压皱

5. 刺绣

刺绣是以机绣或手工绣的方法，采用本色线绣、银线绣、骨线绣、银线/金线包边、彩线绣等把设计好的图案刺绣在纱类织物上。该品种图案立体，精致，适合用于礼服的胸部、裙摆等部位的装饰，如图 2-30 所示。

图2-30　刺绣

五、绒类织物（Velvet Fabric）

绒类织物是指表面具有绒毛或绒圈的花、素丝织物，采用蚕丝或化学纤维长丝织制而成。质地柔软，色泽鲜艳光亮，绒毛、绒圈紧密，耸立或平卧。

绒类织物近几年再度回归T型台，在礼服设计中掀起时尚波澜。独特的光泽感让柔软的天鹅绒、烂花绒、金丝绒等绒类织物表现出深沉的华丽情调、细腻的层次感、丰满的肌理，使晚装显得华美高贵且与众不同，很适合隆重场合。

（一）烂花绒

烂花绒是锦纶丝和有光黏胶丝交织的烂花绒类丝织物。绒地轻薄柔软透明，绒毛花纹厚实、浓艳密集，变化多端，花地凹凸分明，肌理对比强烈。烂花绒一般覆于其他面料外面，形成绚丽的色彩和丰富的纹理效果，适合用于各个季节的礼服设计中，如图 2-31 所示。

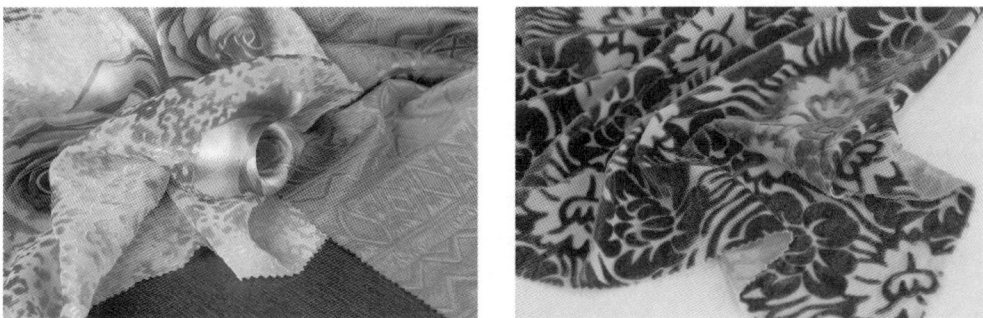

图2-31　烂花绒

（二）金丝绒

金丝绒是桑蚕丝和黏胶丝交织的单层经起绒织物，具有色光柔和、绒毛耸密浓簇、质地柔软而富有弹性的特点，是秋冬季理想的礼服面料。需要注意的是，如果上半身选择了金丝绒面料的服饰，则下半身的服饰不可太短，否则会给人"头重脚轻"的感觉。金丝绒面料如图 2-32 所示。

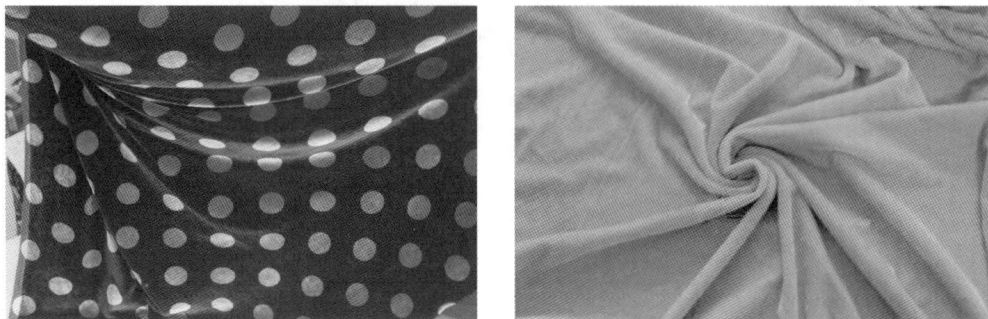

图2-32　金丝绒

第二节　礼服辅料与选配
Accessories and Selection of Ceremony Dress

礼服类涉及的辅料主要有裙撑及内衣类料，而裙撑、文胸作为历史文化重要的组成部分，直接影响着礼服外形的刚柔、曲直，因此，作为本节研究的主要内容。

一、裙撑（Crinolne）的形式及材料选配

裙撑是在内部起支撑作用，具有扩展感、膨胀感，并能使外面裙子显现出漂亮轮廓的衬裙。裙撑在整个礼服发展过程中起着重要作用，它利用臀部的夸张增加胸腰差的对比效果。臀部越大，越反衬腰细；腰部越细，越显胸部丰满，因此被沿用至今。

（一）裙撑的结构与形式

裙撑依据其内部结构与形状可以分为无骨裙撑和有骨裙撑两种。

1. 无骨裙撑

无骨裙撑也称无钢圈裙撑。例如，裙摆较自然的小 A 型裙撑，如图 2-33（1）所示；让裙摆更显魅力的波浪型裙撑，如图 2-33（2）所示。无骨裙撑有单纱裙撑、双层纱裙撑、三层纱裙撑、拖尾裙撑、束腰裙撑等，适合用在面料轻软或裙摆较小的礼服裙内部。一般来说，裙撑的膨松感是由质地较硬的面料抽褶得来，随着

摆幅的增大，需要的褶量也增大。图2-33（1）在底摆处固定一层（或两层）波浪边，波浪边周长为裙撑周长的2倍；图2-33（2）的裙撑是专门为波浪裙设计的，一般用波浪裙的裁法裁制，外层硬纱褶的数量和大小与外层裙褶的数量和大小相一致为佳；图2-33（3）的裙撑从腰部到底部加有3层硬网纱，保证礼服的膨松感。无骨裙撑的长度最好离地3cm以上。

2. 有骨裙撑

有骨裙撑也称带钢圈裙撑。例如，根据裙裾大小，分为大、小圆型裙撑，如图2-33（3）~（6）所示；前身平而后身扩展至下摆的拖尾裙撑，内呈船型骨架，走动时拖尾不会变型，如图2-33（7）所示；钟型裙撑是在大圆型裙撑基础上经过部位调整的裙撑，如图2-33（8）所示。骨架内外各有撑纱若干层，以掩盖骨架。最考究的是撑纱外面还有一层坯布。有骨裙撑根据钢圈数量一般分为以下几种：单钢圈单层纱、单钢圈双层纱，一般适合于短裙选用；双钢圈单层纱［图2-33（4）］、双钢圈双层纱［图2-33（5）］，一般适合于中、长裙选用；三钢圈单层纱［图2-33（6）］、三钢圈双层纱［图2-33（7）］，适合于长裙、拖尾裙选用。钢圈越多，裙摆越大，裙撑过渡越自然，稳定性也越好。注意，有骨裙撑的最后一圈骨架最好在离地很近处，否则裙子撑开效果不是最佳的。

(1)

(2)

(3)

(4)

(5)

(6)

图2-33

(7)　　　　　　　　　　　　　　　　　(8)

图2-33　裙撑的结构与形式

（二）裙撑的材料与选配

1. 无骨裙撑的材料

无骨裙撑一般按照硬度，分为硬纱和软纱。

（1）软纱：软纱为大多数女性所喜欢，飘逸垂顺，但价格偏高。若要抽褶，则使用锦纶透明薄纱、锦纶六角网眼薄纱、涤纶蝉翼纱等材料，如图 2-34 所示。

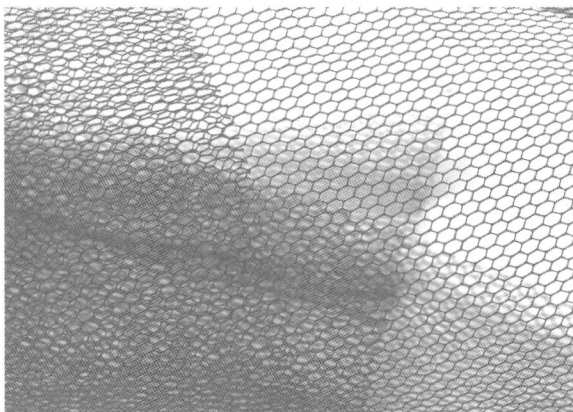

图2-34　软纱

（2）硬纱：裙撑内层材料宜使用摩擦力小、滑动性好并略带弹性的材料。可使用外套用的厚质地里料，如锦纶衬、挺括的锦纶卡其等材料。为了表现柔软的蓬松感，荷叶边使用透明薄纱、锦纶网眼织物、锦纶六角网眼薄纱、涤纶蝉翼纱等材料。裙撑的外层材料大多用硬挺的材料制作，其特点是网格较大，硬度强，可以创造出很膨松的效果。缺点是不够飘逸。双纱较之传统单纱硬网支撑力更强，且不易变形，可反复水洗，耐用持久，是高级婚纱礼服专用的裙撑硬网面料，如

图 2-35 所示。

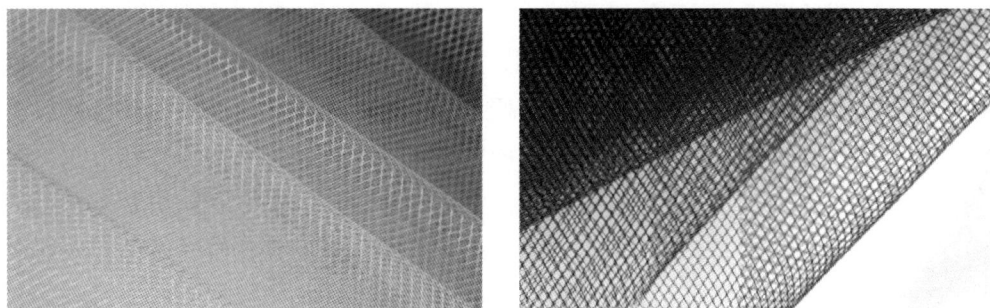

(1) 菱形硬纱   (2) 钉珠眼硬纱

图2-35 硬纱

2. 有骨裙撑的材料

有骨裙撑一般是由钢圈和软（硬）纱组合制作的。钢圈是以有弹性、重量轻的钢板为原料，且不宜变形。其宽度一般为 0.5 ~ 1cm，钢圈可以折叠，便于邮寄与保存。裙摆越膨大，需要的钢圈或其他材料制成的框架越多。为了防止礼服表层透出钢圈或褶裥的痕迹，使裙摆无任何瑕疵，裙撑外罩使用锦纶塔夫绸或涤纶透明薄纱。

3. 裙撑的选配

裙撑应与礼服裙身造型相搭配。选择有骨裙撑的要点是：如果裙子缎面本身很轻软，那么最好不要选择有骨架的，因骨架的印迹会使裙子不顺畅，影响外观。如果是厚缎的宫廷式裙摆、堆皱的裙摆、大拖尾的裙摆、有层层荷叶边覆盖的裙摆等，这些礼服只有用有骨裙撑才能撑得饱满，并使裙身上面的水晶、花卉、褶皱效果体现得越好，达到理想的效果。撑纱的层数越多，撑起裙子的效果越好。如果担心有钢圈的裙撑会露出印迹，可以选择无骨裙撑，裙摆自然，但唯一缺点就是膨起不大，适合小 A 字裙选用。如果既需要蓬蓬裙的效果，又不想露出印迹，则应选择双层纱、三层纱的裙撑。

二、内衣（Under Clothing）的材料及选配

与人体皮肤直接接触的服装为内衣，包括贴身内衣（Underwear）、补正内衣（Foundation Garment）、装饰内衣（Lingerie）。现代内衣的造型、色彩、材料与装饰都具有丰富的表现力，能在保证健康、舒适的情况下调整着装后形体的外观。考虑与礼服的搭配关系，在此主要介绍补正内衣中的文胸与塑身内衣。

（一）文胸（Brassiere）的材料与选配

1. 文胸表层材料

（1）丝质（Silk）：丝质文胸的触感、性能俱佳，不起静电，同时也吸汗、透

气。丝绒具有棉布所没有的典雅华贵，其天然滑爽感，也是莱卡所缺少的。若以法国蕾丝或瑞士刺绣与丝绒进行装饰搭配，所能达到的华丽效果，恐怕任何其他面料都难以做到。丝质文胸的唯一缺点是不好清洗，洗涤时必须用手很轻柔地搓洗或干洗。

（2）棉质（Cotton）：棉布吸汗、透气，保暖性强，穿着感觉很舒服，易于染色和印花，适用于少女型的内衣。近年来多采用棉质和各类纤维混纺，在棉质中加入化学纤维，特别是用于调整型内衣裤，不但具有支撑的效果，而且不会闷热。从美感来说，平织棉布的印花效果和针织棉布的染色效果，都有一种天然淳朴和青春气息，也是其他面料所不及的。

（3）尼龙（Nylon）：尼龙质料结实，不会变形，大部分文胸肩带以此做材料。

（4）氨纶（Polyurethane）：氨纶的伸缩性更强，比橡胶更富弹性，常用来制作文胸扣带，以防身体活动时会有束得太紧的不适感。

（5）莱卡（Lycra）：质感似橡胶的莱卡，是产生于20世纪60年代的面料。莱卡的特性就是有弹性、舒适和具承托力，使内衣更贴身，不易走样，不易出现褶皱等。其细密薄滑的质感和极好的弹性，再配以各式各样漂亮的蕾丝，舒适度和外观可谓达到了极佳的效果。

（6）新颖面料：高棉、烧毛丝光棉、丝绢等新颖面料，结构紧密，光滑如绸，手感柔软，具有弹性，色泽高雅，挺括舒适，不缩水不褪色。高科技的弹性面料，极度光滑；丝质和创新面料以及印花棉布，成为今天设计师们面料上的首选。

2. 文胸内部材料

文胸的内部材料主要是钢圈、钢骨与海绵、硅胶等。

（1）钢圈与钢骨：钢圈与钢骨对于文胸来说是非常重要的，可以使文胸保持完美的外形。钢圈用来支撑并托起乳房，钢骨是辅助乳房向两侧分散，使文胸更加贴身，达到固定胸部使其不易变形的作用，如图2-36所示。

（2）钢圈形状：钢圈有五种形状，一般可用钢圈两端（鸡心与比位）的高度差来判断，选配适宜的文胸。

① 高胸型钢圈：亦称全杯。多用于圆锥形乳房的人穿着。这类文胸罩杯面积大，盖住整个乳房，整体呈球状，具有很强的支撑和提升效果，适合乳房丰满及肉质柔软

图2-36 文胸的钢圈与钢骨

的人选用。鸡心与比位的高度差为
1.5～2cm，如图2-37（1）所示。

②普通型钢圈：亦称5/8罩杯。
针对标准体型，适合于大众和各种
文胸选用。鸡心与比位的高度差为
2.5cm左右，如图2-37（2）所示。

③推胸型钢圈：亦称3/4罩杯，
多用于斜杯。这种文胸可以加衬垫，
将胸部多余的脂肪推向前胸，让乳
沟明显地显现出来，改善胸部的多
种不足。鸡心与比位的高度差为4cm
左右，如图2-37（3）所示。

④低胸型钢圈：亦称1/2罩杯。
适合露肩的衣服，机能性虽较弱，

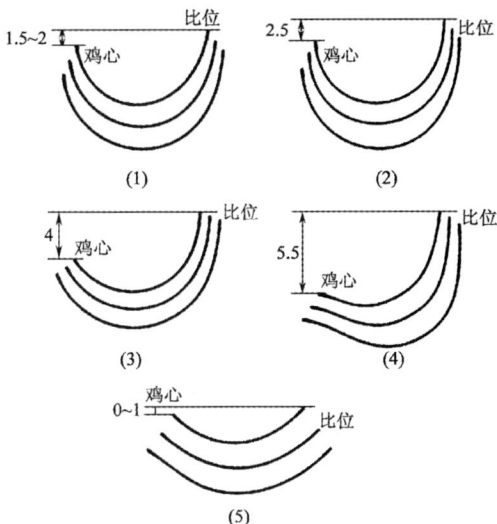

图2-37 文胸的钢圈形状

但提升的效果不错，胸部娇小者穿着后会显得较丰满，多用于低胸型。鸡心与比
位的高度差为5.5cm以上，如图2-37（4）所示。

⑤托胸型钢圈：遮盖面积为三角形杯型，因覆盖面较小，性感迷人，多用
于泳装等。鸡心与比位的高度差为0～1cm，如图2-37（5）所示。

（3）钢圈与钢骨材料：钢圈使用材料有套胶帽钢圈、尼龙包胶钢圈、套胶
帽包漆钢圈、高碳钢镀锌钢圈（包括套胶头）。钢圈结构有分体式钢圈［图2-
38（1）］、连体式钢圈［图2-38（2）］，其中连体式钢圈的保型效果好。钢骨
有不锈钢钢骨、镀锌钢骨等，厚度与宽度均为0.5cm，如图2-39所示。

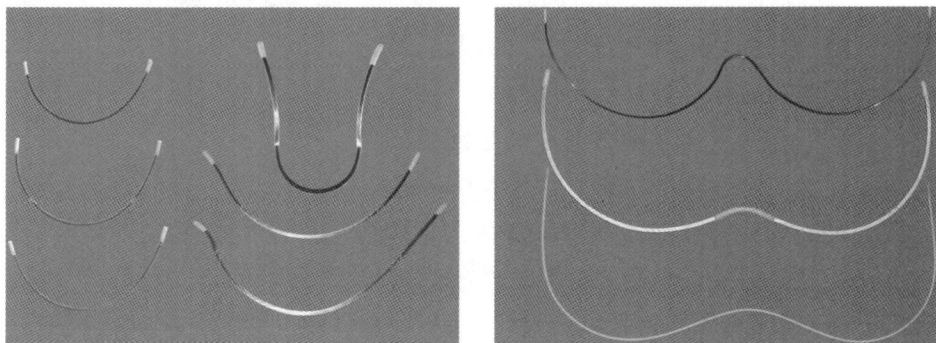

(1) 分体式钢圈

(2) 连体式钢圈

图2-38 钢圈的形式与材料

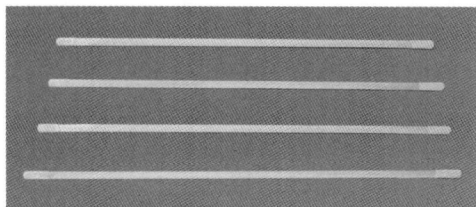

| (1) 不锈钢钢骨 | (2) 镀锌钢骨 |

图2-39　钢骨的材料

（二）塑身内衣的材料与选配

1. 塑身内衣表层材料

塑身内衣与文胸的最大区别是要用有弹性的面料制作。

2. 塑身内衣内部材料

塑身内衣主要是用鱼骨（钢板）作为内部材料。原来欧洲妇女用鲸鱼的鱼骨做塑身内衣的形体支撑，尽管现在已发展为多种材料，人们习惯上还是把塑身内衣的形体支撑叫做鱼骨。束腰分螺旋钢骨和鱼骨两种，与文胸里面的钢圈、鱼骨材料大致相同，形状是直线型，可折、有一定的弯曲度。它是用来撑板型的，并且有塑身作用。其结构通过束腰鱼骨结构加以说明，如图 2-40 所示。钢板 A 是在排扣开口处的鱼骨，宽度为 2cm，起束腰、定型作用；钢板 B 是在侧面左右各两根，宽度为 0.5cm，起塑型作用；螺旋钢骨 C 是在两根 B 之间内置尼龙鱼骨，宽度为 0.5cm，起辅助塑型作用。所有鱼骨都是竖着穿进内衣里面。高档婚纱里至少有4根鱼骨，多则6根、8根。

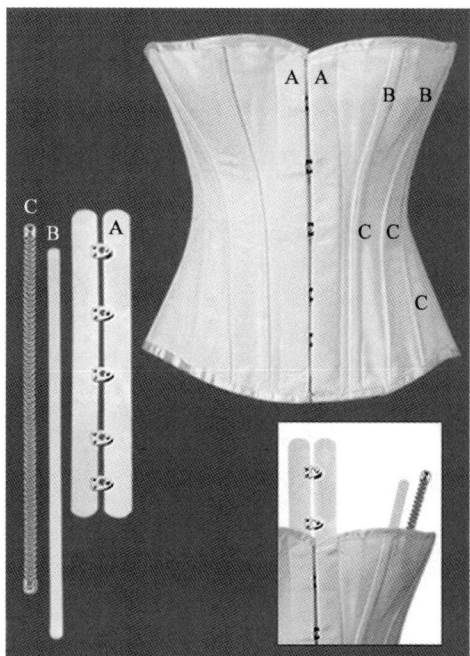

图2-40　塑身内衣内部材料

3. 选择内衣的要点

一是注意内衣尺寸，按大小选择其型号；二是注意体型，根据体型选择内衣的形状；三是注意身体部位的构造，矫正并弥补其不足；四是注意与外衣的搭配组合，包括颜色、图案、花边、样式等。

第三章 礼服局部设计与造型
Partial Design and Modeling of Ceremony Dress

为了更好地把握礼服的整体设计与造型，本章从其局部分析入手，化整为零，深入研究。礼服局部设计主要包括胸部、背部、袖型、裙型四个主要部分。虽说领型也是主要部位之一，但由于礼服具有颈肩部裸露多的特点，大多数情况下领型设计被胸、背部设计所取代。下面列举胸部造型的实例进行说明，且通过胸部立体裁剪实例进一步加以解析。

第一节 胸部立体造型
Three-dimensional Form of Bust

胸部造型历来是女装设计的重点，更是礼服设计最重要部位之一。由于胸部性感诱人，处于视觉中心，所以，设计师较多地强调胸部造型，手法翻新多变，把设计美感尽可能呈现在方寸之间。

一、胸部造型与设计解析（Bust Molding and Design Analysis）

（一）褶饰设计（Pleats Design）

褶饰设计是胸部最常用的装饰手法之一，如图3-1（1）、（2）所示的自然褶，图3-1（3）所示的单向褶，图3-1（4）所示的垂褶，图3-1（5）、（6）所示的多向褶等。褶纹一般围绕胸部，汇集于乳沟间，形成视觉中心。丰富的褶皱把女性的胸部衬托得更加丰满、生动。为了更好地突出礼服胸部的褶皱，腰部的设计可以尽量简洁、平整。

（二）蕾丝设计（Lace Design）

蕾丝面料是礼服设计常用的面料之一，图3-2是表现胸部造型的一组实例。透明蕾丝衬托出胸部的性感和妩媚，在分割线处加入有弹性的鲸骨，使胸至腰呈

(1)

(2)

(3)

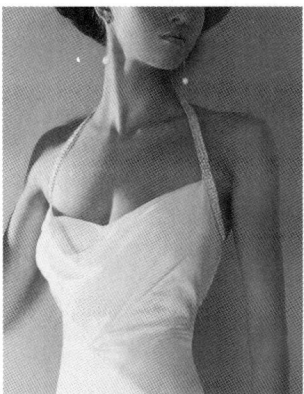
(4)

(5)

(6)

图3-1　胸部褶饰设计

(1)

(2)

(3)

图3-2　胸部蕾丝设计

扇形分布，既起到收身塑型的作用，又增添了腰部纤细的视觉效果。

（三）缀饰设计（Decorative Patch Design）

图 3-3（1）、（2）的设计特点是左胸部向上沿着肩部采用装饰花卉点缀，形成了视觉中心；图 3-3（3）的写实花卉，规律地排列在胸部，端庄、大方；图 3-3（4）中用轻薄面料点缀大片的波浪褶花边，抽象、随意、生动，似怒放的花朵在胸前

盛开，卷曲的花瓣边的处理更增添了着装者的柔美和性感；图3-3（5）中胸部下方的宝石缀饰，与胸部造型形成扩张与收缩、光滑与凹凸的强烈视觉对比，夸张了人体曲线，呈现出高贵而张扬的视觉效果；图3-3（6）中采用羽毛进行装饰，增添了礼服的生动感。

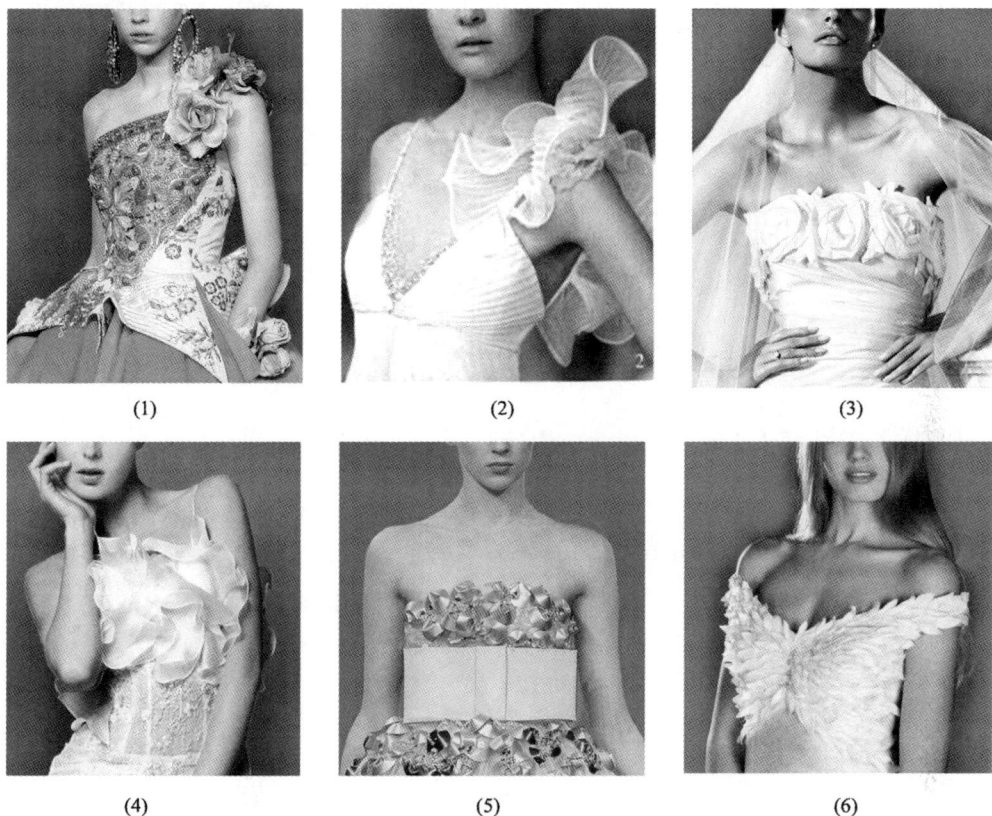

(1)　　　　　　　　　　(2)　　　　　　　　　　(3)

(4)　　　　　　　　　　(5)　　　　　　　　　　(6)

图3-3　胸部缀饰设计

（四）编饰设计（Knit Ornament Design）

在礼服设计中，常以编饰的运用体现线条的律动美。如图3-4（1）所示，夸张地运用了线条的有序排列与编饰的手法，整体造型既似灯笼形，又呈莲花花托状，恰如其分地与胸腰部造型吻合。平稳中有动感，立体饱满。细节处缝以同色系及黑色的钻珠装饰，起到了画龙点睛的作用。图3-4（2）则采用有序与无序、粗线与细线相结合的方式，利用弹性条状材料，运用编饰与集结构成手法，轻盈飘逸，动感十足，使胸部华丽且充满个性化和趣味性。图3-4（3）中采用盘合扭转的曲线及高温定型褶皱线条，编卷成美丽的图案，并配合胸肩部形状巧妙布局，突出软与硬、柔与刚的对比。

图3-4　胸部编饰设计

二、胸部立体造型实例（Examples of Bust Three-dimensional Form）

（一）胸部扎系（Bust Knotting）设计造型

1. 款式特点

本款通过前中心扎系的手法，使布料在前中心处产生骤然汇集的褶饰效果，与扎系成花饰状的两端相衬，不仅具有动态、鲜活的视觉表情，而且有简洁、生动的装饰效果，如图3-5所示。

2. 学习要点

掌握扎系的制作方法；结合对胸省量及褶纹大小、疏密度的把握，完美地表现胸部造型。

3. 制作步骤（图3-6）

（1）准备布料：胸下褶布长45cm、宽46cm；胸外层布为长42cm、宽24cm的双层布料两块。标记好基准线，如图3-6（1）所示。

（2）披胸下布：披布时对准人台前中心线，胸下褶布上端与胸外层布重叠3cm，即作为胸底布的量，上部褶皱量可以略少些，如图3-6（2）所示。

（3）制作胸下褶：胸下部制作自然的横向褶纹，其疏密要考虑与胸外层褶纹大小相统一，如图3-6（3）所示。

（4）标记设计线：在人台上标出胸部设计线，注意曲线的曲度与美感，如图3-6（4）所示。

（5）制作右胸外层布：从侧缝开始披布，先做一腋

图3-5　胸部扎系款式图

下省满足一定胸部的量，接着继续将其余的布量做横向褶纹并固定，如图3-6（5）所示。

（6）制作左胸外层布：因要看扎系实际效果，所以左右两边都要制作。用相同的方法制作左胸外层布，使褶纹集中在前中心处，在调整好褶纹形状的基础上将其左右扎系，如图3-6（6）所示。

（7）胸部扎系：两侧的布料在中心处交叉扎系，调整好胸部褶纹的造型，如图3-6（7）所示。

（8）剪掉余料：先沿胸部标记线将余料剪掉，再沿扎系处两端按预留量修剪余料，并将其下端固定在底布上，如图3-6（8）所示。

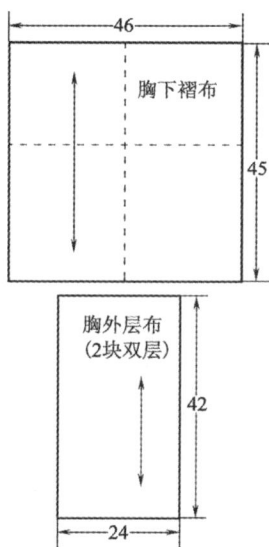

(1) 准备布料

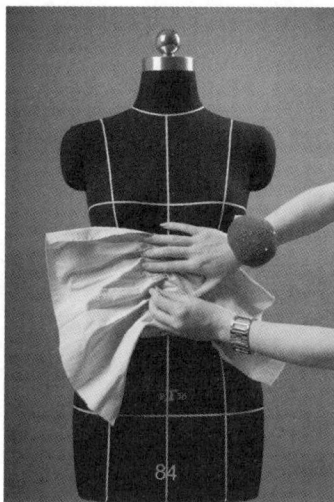

(2) 披胸下布

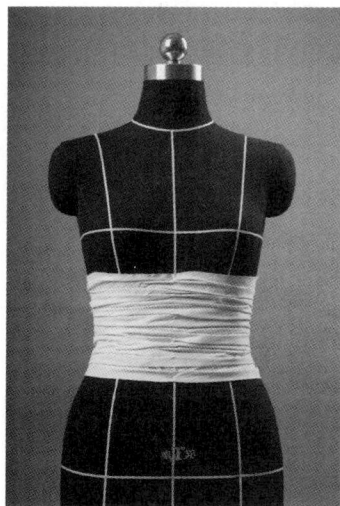

(3) 制作胸下褶

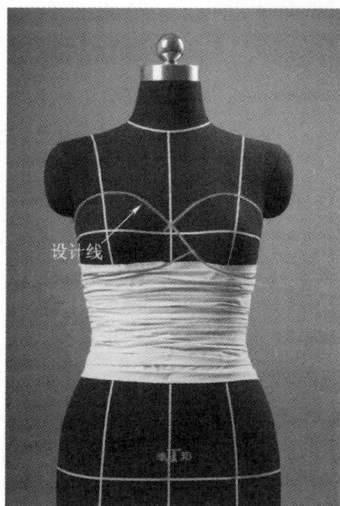

(4) 标记设计线

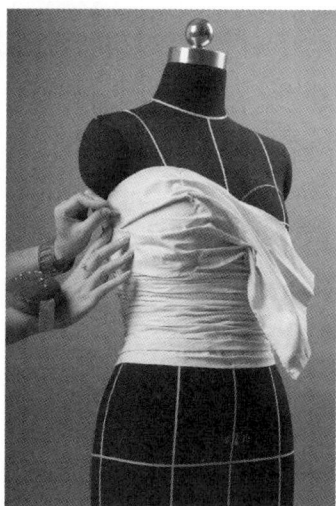

(5) 制作右胸外层布

图3-6

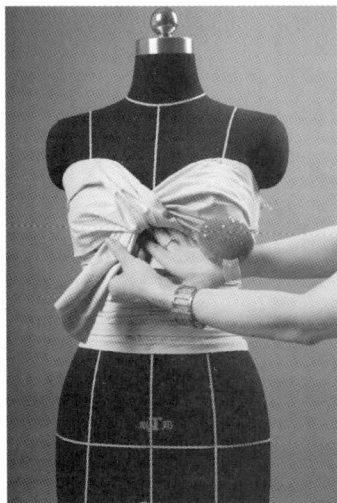
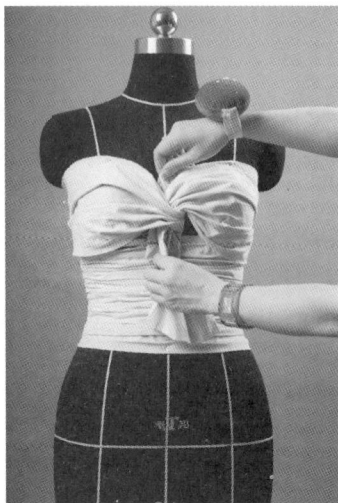

（6）制作左胸外层布　　　　　（7）胸部扎系　　　　　（8）剪掉余料

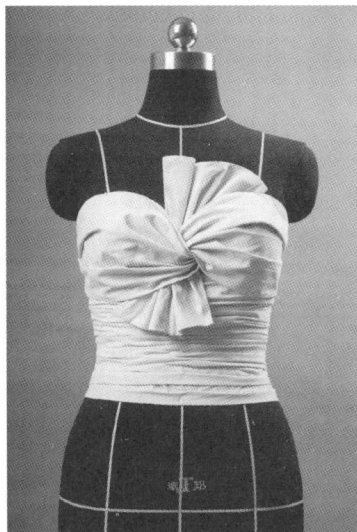
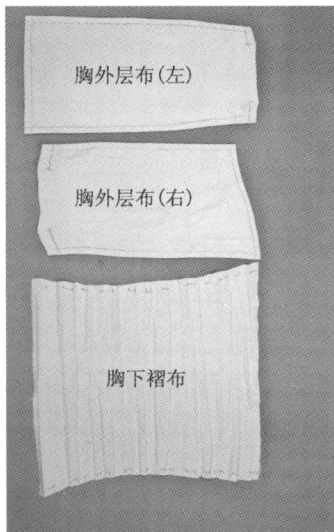

胸外层布（左）

胸外层布（右）

胸下褶布

（9）整体效果　　　　　　　　（10）样板结构

图3-6　胸部扎系造型方法

　　（9）整体效果：将扎系处两端的预留量折净，观察整体效果，调整不合适的
部分，直至满意为止，如图 3-6（9）所示。

　　（10）样板结构：将样衣展开成平面，连接各标记点确定轮廓，标记褶裥位，
修剪缝份，做出其样板结构，如图 3-6（10）所示。

（二）胸部叠褶（Bust Double Pleats）设计造型

1. 款式特点

本款通过叠褶的装饰手法，在胸部设计制作出含苞欲放的花饰造型，同时用

蝴蝶结带固定花饰边，胸部整体表现出柔美、
纯真、浪漫的风格，如图 3-7 所示。

2. 学习要点

掌握叠褶的设计制作方法，学习利用竖向
褶表现胸部的处理技巧。

3. 制作步骤（图 3-8）

（1）准备布料：胸底布长 50cm、宽 20cm；
腰布长 45cm、宽 30cm；叠褶布为长 95cm、
宽 30cm 的布料两块；蝴蝶结布长 25cm、宽
10cm；带子布长 50cm、宽 7cm。标记好前中线，
如图 3-8（1）所示。

（2）制作胸底布：为了固定胸部叠褶需做
一底布，选择腋下省与腰省表现胸部造型，可
用布料制作，并保持布料的经纬纱线互相垂直，
如图 3-8（2）所示。

（3）修剪底布轮廓：按胸部轮廓剪掉余料，
注意保持胸部整体平衡，胸底布平服合体，如
图 3-8（3）所示。

图3-7　胸部叠褶款式图

（4）标记设计线：将腰布接合胸底布，腰
布做腰省保持合体。标记叠褶设计线，观察其形状与效果，如图 3-8（4）所示。

（5）制作叠褶：披叠褶布，对合前中线，固定。从前中心开始折叠，按照花
蕊的形状做出放射形，逐一向中心方向折叠。在制作过程中，应把胸部的余量转
移在叠褶中。观察折叠后的效果，满意了就固定好，如图 3-8（5）所示。

（6）侧缝整理：做出四个叠褶后，将侧面布料通过调节叠褶大小达到平服效
果，按侧缝线剪掉余料，如图 3-8（6）所示。

（7）剪掉余料：标记叠褶上端止口的形状，做出层次，预留缝份，剪掉余料，
如图 3-8（7）所示。

（8）叠褶展开：将叠褶的布料展开成平面，圆顺叠褶轮廓线。为了增强叠褶
的挺括性，需要剪两层布料与一层软纱，如图 3-8（8）所示。

（9）勾缝叠褶：将两层叠褶布与软纱的上端布料勾缝，并翻折熨烫，注意止
口不能反吐，如图 3-8（9）所示。

（10）装叠褶布：将做好的叠褶固定在底布上。为了使叠褶在活动时也能稳定，
上端需要在叠褶重叠的地方用暗针固定，如图 3-8（10）所示。

（11）装腰带：将腰带装于叠褶下端，既可以遮盖叠褶下端的毛边，又形成
完美的胸部造型，如图 3-8（11）所示。

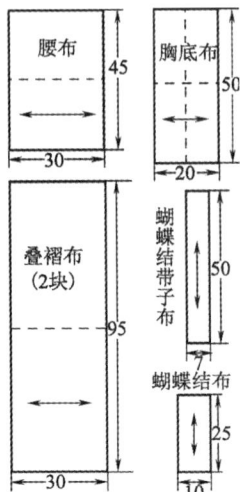

腰布

45

30

胸底布

50

20

叠褶布
（2块）

95

30

蝴蝶结带子布

50

蝴蝶结布

25

10

(1) 准备布料

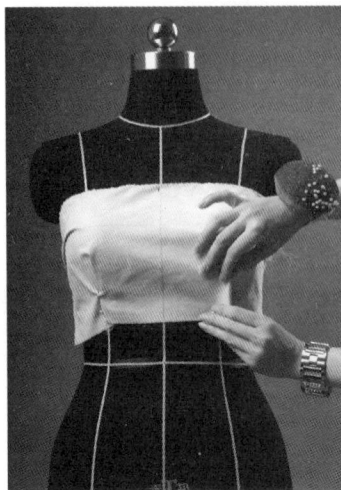

(2) 制作胸底布

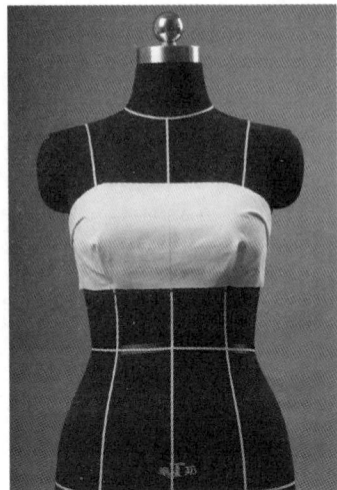

(3) 修剪底布轮廓

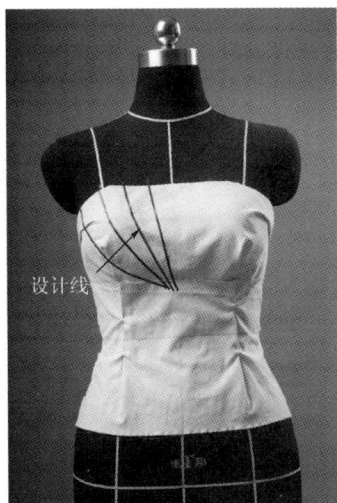

设计线

(4) 标记设计线

(5) 制作叠褶

平服

(6) 侧缝整理

(7) 剪掉余料

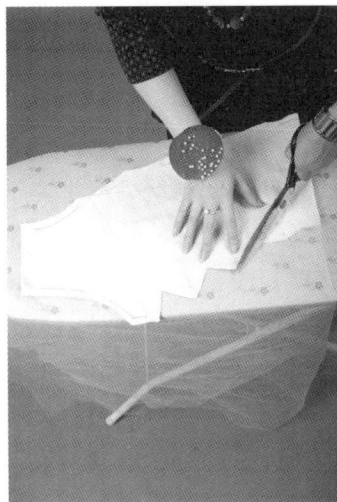

(8) 叠褶展开

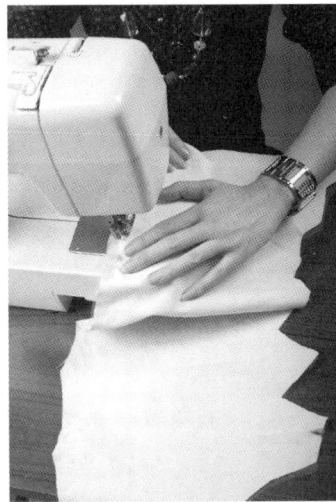

(9) 勾缝叠褶

图3-8

（12）装蝴蝶结：制作蝴蝶结，并装在腰带的前中心处，如图3-8（12）所示。

（13）整体效果：观察整体效果，调整不合适的部分，直至满意为止，如图3-8（13）所示。

（14）样板结构：将样衣展开成平面，连接各标记点，确定轮廓，标记省缝位、褶裥位，修剪缝份，做出样板结构，如图3-8（14）所示。

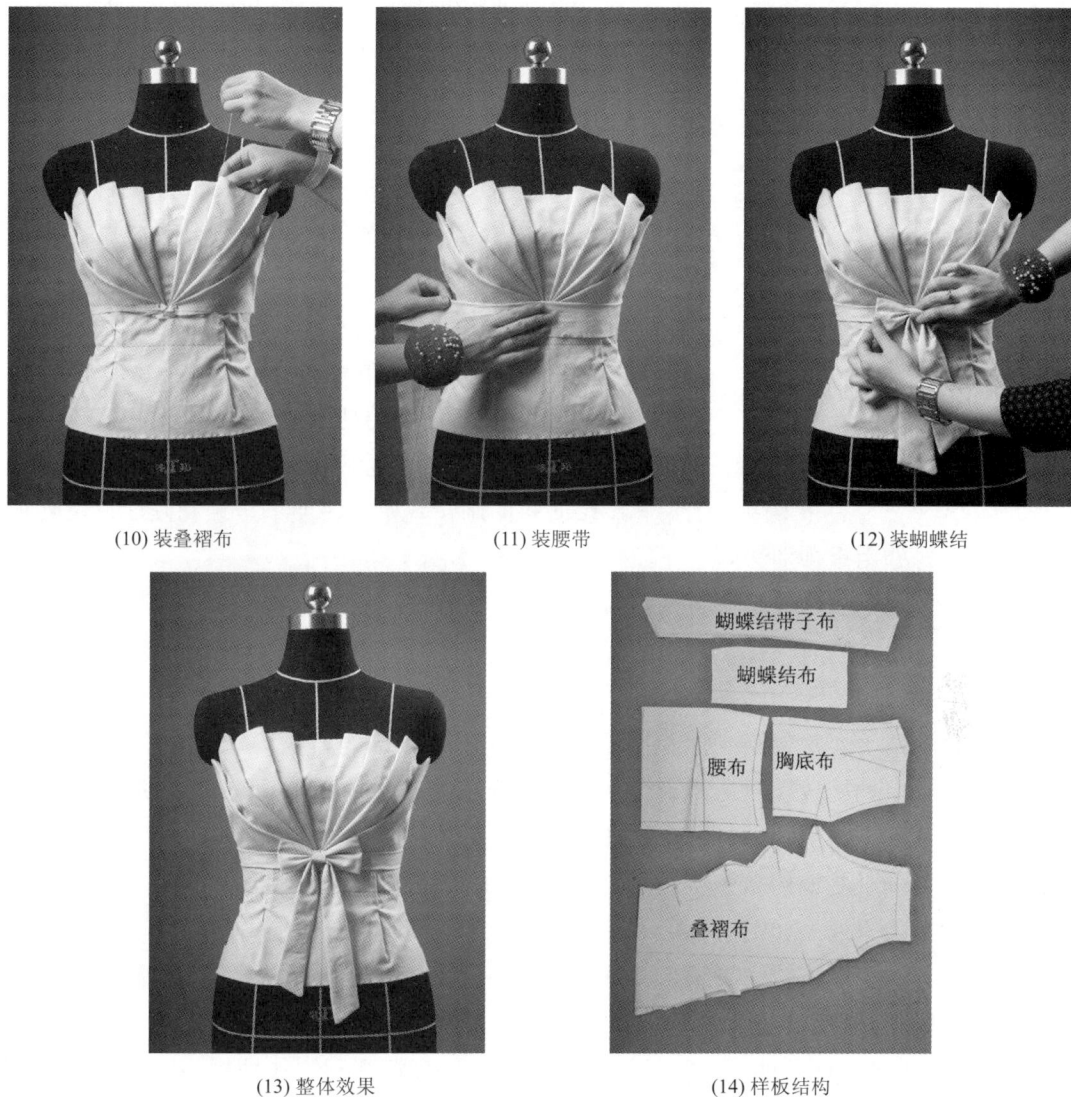

(10) 装叠褶布

(11) 装腰带

(12) 装蝴蝶结

(13) 整体效果

(14) 样板结构

图3-8　胸部叠褶造型方法

（三）胸部抽褶（Bust Shirring Pleats）设计造型

1. 款式特点

本款通过抽褶的装饰手法，在胸部形成自然膨起、活泼动人的视觉效果。抽

图3-9 胸部抽褶款式图

褶设计具有量感、动感及立体感，如图 3-9 所示。

2. 学习要点

掌握抽褶的制作方法，把握抽褶褶纹的扩张感、律动感与凹凸变化制作技巧。

3. 制作步骤（图3-10）

（1）准备布料：胸底中布长 25cm、宽 23cm；胸底侧布为长 20cm、宽 15cm 的布料两块；抽褶布长 100cm、宽 60cm；腰带布长 35cm、宽 25cm。标记好基准线，如图 3-10（1）所示。

（2）标记设计线：在人台的胸部标记胸底布与腰带布的轮廓线，可以利用人台上的公主线做参照，如图 3-10（2）所示。

（3）披胸底中布：对合胸底中布与人台的前中线，固定。然后抚平左右胸部的布料，如图 3-10（3）所示。

（4）披胸底侧布：披胸底侧布并固定，保持经纱垂直。然后与胸底中布对合，注意松量的平衡，确定其轮廓并标记，修剪余料，如图 3-10（4）所示。

（5）底布效果：观察、调整底布的制作效果。为使下步顺利操作，将底布在接合处用重叠别法固定，如图 3-10（5）所示。

（6）制作抽褶：将抽褶布预留腰带布长度后对折，然后从一端折叠大小不同的叠褶，同时在每个叠褶的底端逐一横向别针固定。这种操作在平面上进行比较方便，如图 3-10（6）所示。

（7）二次抽褶：用相同的方法在制作好抽褶的布上再次折叠（即叠加），这样会使抽褶效果更加丰富，而二次折叠要比一次的折叠相隔远些。因为厚度的缘故，注意在别别针时防止扎破手指，如图 3-10（7）所示。

（8）装抽褶布：将做好的抽褶布在胸下部固定，注意要把抽褶布横向别针处对准腰带处，如图 3-10（8）所示。

（9）装腰带：将腰带布折出横向叠褶（使腰带具有厚重感），固定在腰上部，如图 3-10（9）所示。

（10）打开抽褶：将抽褶逐一打开，一直打开到制作抽褶的别针处，即打开到底，如图 3-10（10）所示。

（11）整体效果：将抽褶调整到大小不一、褶纹交错、华丽蓬松的效果，调整褶纹不要有棱线，直至满意为止。然后将受力处、防脱散的地方用别针或手缝固定在底布上，如图 3-10（11）所示。

（12）样板结构：将样衣展开成平面，连接底布各标记点确定轮廓，标记腰带布横向叠褶，同时抽褶布也要标记出受力点，做出其样板结构，如图 3-10（12）所示。

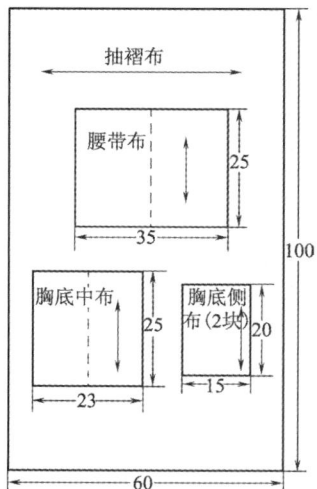

(1) 准备布料

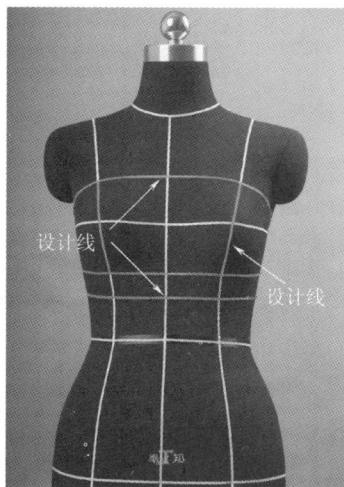

(2) 标记设计线

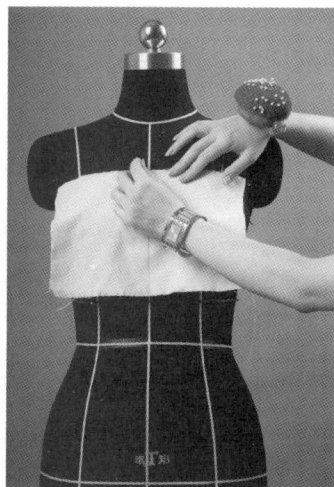

(3) 披胸底中布

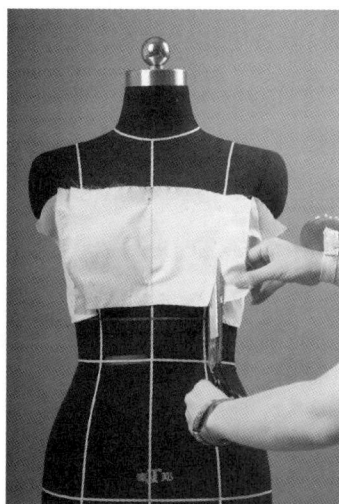

(4) 披胸底侧布

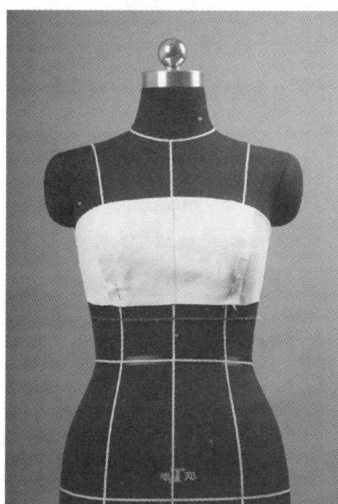

(5) 底布效果

(6) 制作抽褶

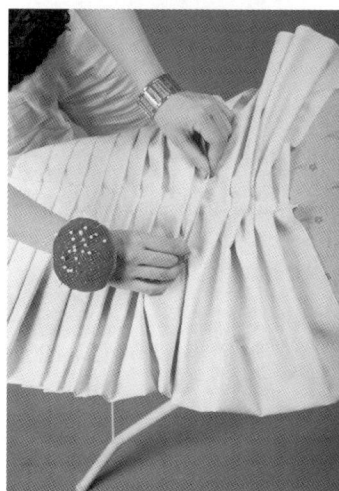

(7) 二次抽褶

(8) 装抽褶布

(9) 装腰带

图3-10

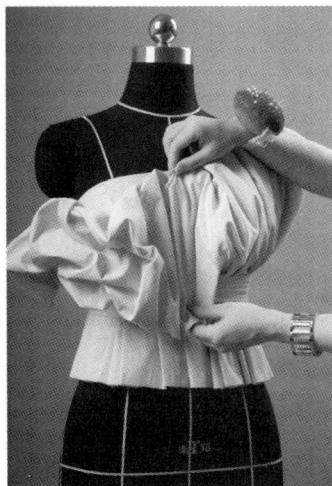

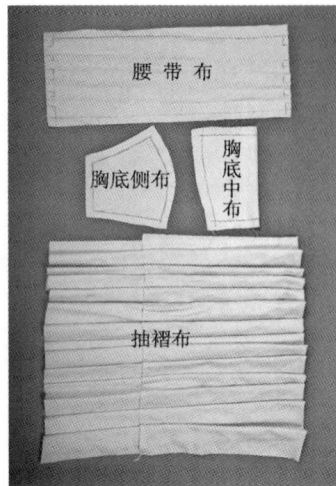

(10) 打开抽褶　　　　　　　(11) 整体效果　　　　　　　(12) 样板结构

图3-10　胸部抽褶造型方法

（四）胸部缀饰（Bust Decorative Patch）设计造型

1. 款式特点

本款通过在领口、肩部、腰部等处缀饰花卉，增加其装饰效果，同时与右胸部的纵向叠褶组合设计，活泼、可爱、浪漫，如图 3-11 所示。

2. 学习要点

掌握叠褶的制作方法及装饰花的缀饰技巧，能够搭配出具有整体美感的装饰效果。

3. 制作步骤（图3-12）

（1）准备布料：胸中布长 46cm、宽 30cm；胸侧布为长 31cm、宽 16cm 的布料两块；叠褶布长 62cm、宽 30cm，并对折熨烫；花卉布长 29cm、宽 8.5cm，若干块。标记好基准线，如图 3-12（1）所示。

（2）标记设计线：在人台的胸部、领口处、肩部标记设计线，公主线要均衡、美观，如图 3-12（2）所示。

（3）披胸中布：对合前中线与胸围线，固定，如图 3-12（3）所示。

（4）胸中布造型：理顺抚平领口、肩、胸、腰等各部位的布料，标记胸中布的轮廓，剪掉余料，如图 3-12（4）所示。

（5）披胸侧布：要求经纬纱互相垂直，并与胸中布别合，确定并标记其轮廓，剪掉余料，如图 3-12（5）所示。

（6）标记叠褶位：考虑胸部整体效果，标记叠褶位置，前中心止口线略倾斜，

图3-11　胸部缀饰款式图

如图 3-12（6）所示。

（7）做叠褶及饰花：将叠褶布按 3cm 左右的褶裥大小折叠，尽量保持纱向顺直，并熨烫平整。再按 0.7cm 的大小折叠花卉布，并熨烫，然后在中心部位固定，花卉布呈扇面状，如图 3-12（7）所示。

（8）装叠褶布：将熨烫好的叠褶布固定在右胸处，整理好叠褶的形状，修剪叠褶上部的余料，使其略呈弧状，如图 3-12（8）所示。

（9）整体效果：将衣身缝份与叠褶布上端及左右的布边折净，重新固定人台上，观察整体效果，调整不适合之处，直至满意为止，如图 3-12（9）所示。

（10）装饰花：将做好的饰花装到领口边缘与腰部，其布局与花饰摆放要与整体协调统一，如图 3-12（10）所示。

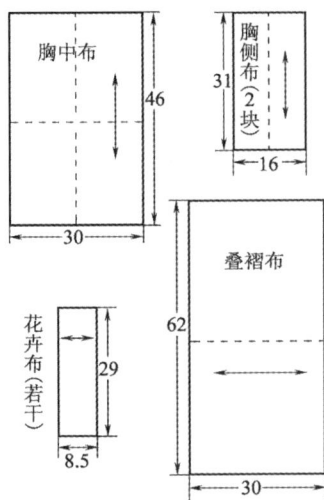

(1) 准备布料

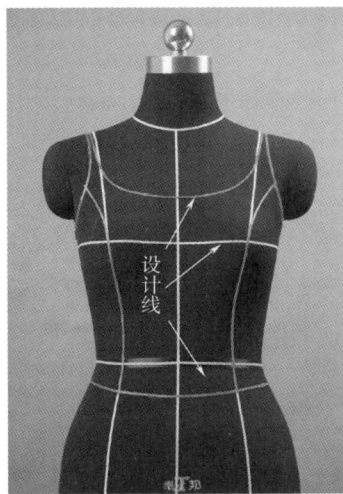

(2) 标记设计线

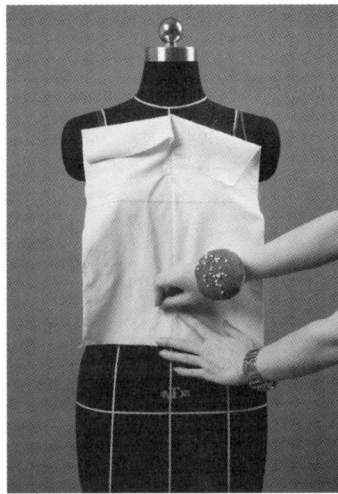

(3) 披胸中布

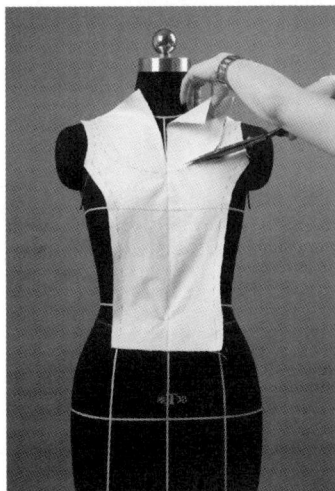

(4) 胸中布造型

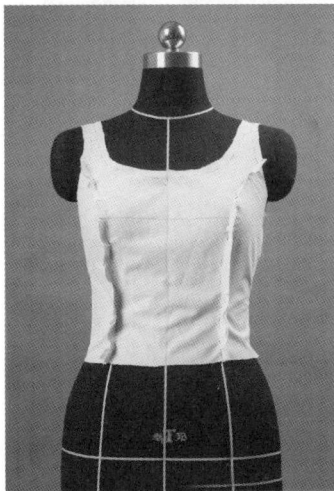

(5) 披胸侧布

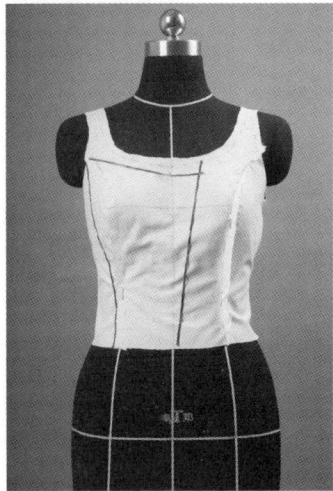

(6) 标记叠褶位

图3-12

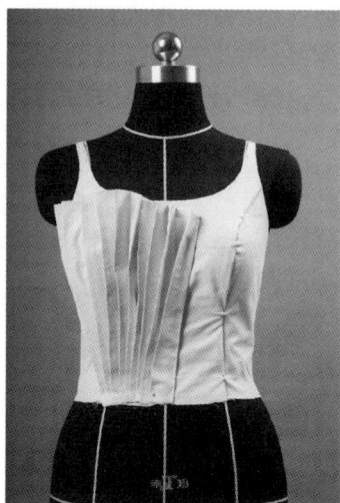

(7) 做叠褶及饰花 　　　　　　(8) 装叠褶布 　　　　　　　(9) 整体效果

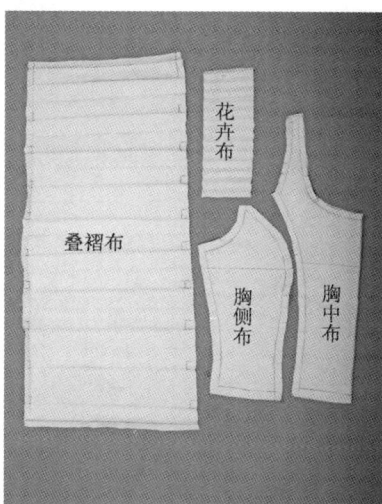

(10) 装饰花 　　　　　　　　(11) 样板结构

图3-12　胸部缀饰造型方法

（11）样板结构:将样衣展开成平面,连接胸中布、胸侧布各标记点,确定轮廓,同时标记叠褶位, 做出其样板结构, 如图 3-12（11）所示。

（五）胸部编饰（Bust Knit Ornament）设计造型

1. 款式特点

本款通过编饰手法将胸部编织成蔷薇花状,在每块编饰布折叠的边缘加入一粗线绳作为充填物。这样不但使编饰更加立体,而且有层叠及浮雕效果,如图 3-13 所示。

2. 学习要点

掌握编饰的制作方法，大小不同块面的疏密变化，模仿蔷薇花，巧妙地表现胸部的立体及装饰效果。

3. 制作步骤（图3-14）

（1）准备布料：胸底布为长27cm、宽19cm的布料两块；腰布长62cm、宽28cm；编饰布为总长280cm左右、宽8cm的斜纱布料，可按实际需要截取其长度；粗线绳长约280cm、直径0.4cm。标记好基准线，如图3-14（1）所示。

（2）标记设计线：在人台上标记胸部造型设计线，曲线要流畅优美，如图3-14（2）所示。

（3）制作胸部：按设计线通过腰省与腋下省表现胸部，要求合体，如图3-14（3）所示。

（4）制作腰部：以前中心为对称轴，制作竖向大小不同但有规律的叠褶并固定，如图3-14（4）所示。

（5）剪掉余料：斟酌胸下部形状，标记轮廓，预留1cm缝份，修剪余料，如图3-14（5）所示。

图3-13 胸部编饰款式图

（6）编饰夹绳：将编饰布对折，距边缘0.3cm缉直线，然后把准备好的粗线绳穿入缉线的编饰布孔内，如图3-14（6）所示。

（7）制作花蕊：从胸高点开始做第一块编饰布，注意要将布围卷在胸高点成花蕊状并固定，如图3-14（7）所示。

（8）胸部编饰：逐一向外部一块一块地围卷，注意胸部立体的表现及各块面摆放的位置，如图3-14（8）所示。

（9）侧缝接合：将一层一层的编饰布按设计线相互交错叠压制作并固定好，每块的松紧、疏密都要有变化，调整胸部造型的整体形状。注意与胸下部的衔接、与侧缝的贴合，如图3-14（9）所示。

（10）前中接合：在乳沟接合处要使其平整，如图3-14（10）所示。

（11）整体效果：将左右胸部造型都制作好，并装吊带。观察整体效果，调整不适合之处，直至满意为止，如图3-14（11）所示。

（12）样板结构：将样衣展开成平面，连接底布各标记点，确定轮廓，标记叠褶位、省位，尤其是每块编饰要标记清楚顺序，做出其样板结构，如图3-14（12）所示。

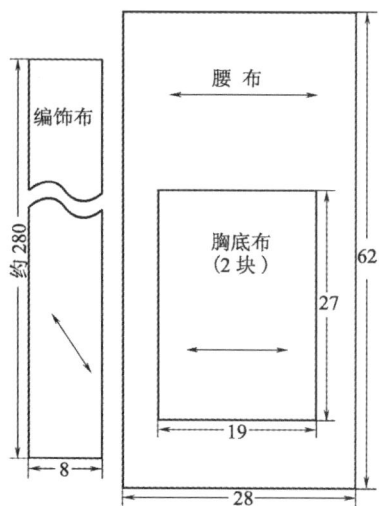

(1) 准备布料

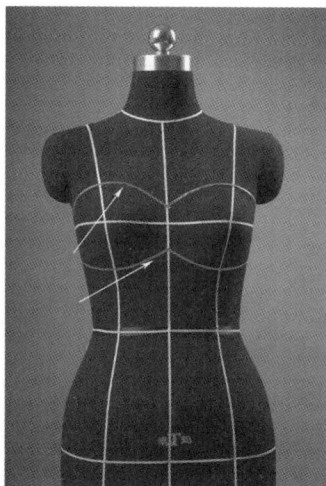

(2) 标记设计线

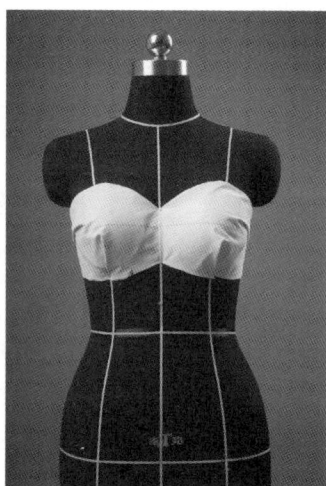

(3) 制作胸部

(4) 制作腰部

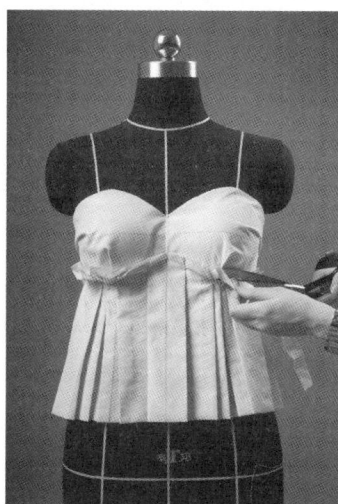

(5) 剪掉余料

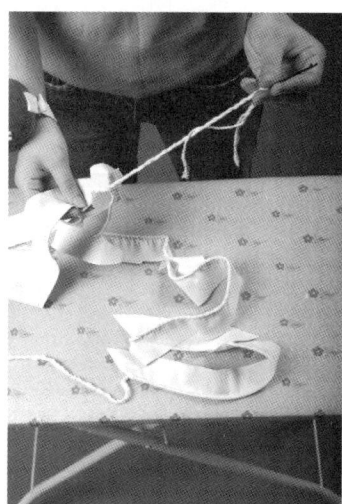

(6) 编饰夹绳

(7) 制作花蕊

(8) 胸部编饰

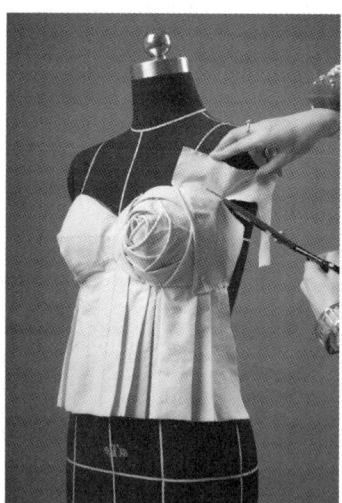

(9) 侧缝接合

图3-14

  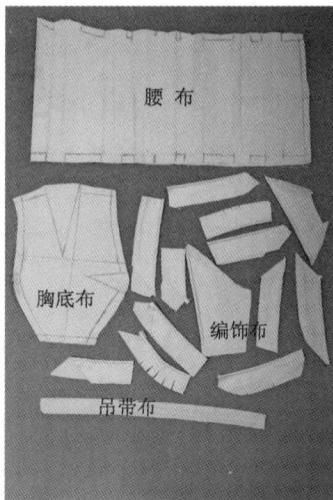

(10) 前中接合   (11) 整体效果   (12) 样板结构

图3-14   胸部编饰造型方法

第二节   背部立体造型
Three-dimensional Form of Back

背部是女性礼服造型的主要部位之一，虽没有胸部那么显眼，但也能充分展现女性圆润细腻的曲线魅力。因此，背部设计与造型同样千变万化、各有千秋。背部设计一般考虑到腰部及以下的整体设计。

一、背部造型与设计解析（Back Modeling and Design Analysis）

（一）点缀设计（Dotted Design）

背部的点缀设计强调礼服的细节美,凸显着装者的高贵和典雅。如图 3-15（1）所示的蝴蝶结装饰在背部呈现平稳的视觉效果，加强女性的甜美感，与衣身的蕾丝面料及泡泡袖在风格上形成呼应。如图 3-15（2）所示的背部设计大胆地运用折转、重叠等形式，写意地塑造出如同牵牛花般的婉约。如图 3-15（3）所示的背部设计的亮点在于腰带上的两个圆形装饰，珍珠的有序排列，且与光泽、顺滑的礼服面料风格一致，在整体设计中起到了画龙点睛的作用。

（二）带饰设计（Trimming Braid Design）

带饰是礼服背部设计常用的手法之一,简洁、利索、大方、雅致。如图 3-16（1）所示的在背中缝采用纽扣连续排列的方式，形成规整的线条，依附于人体，吊带

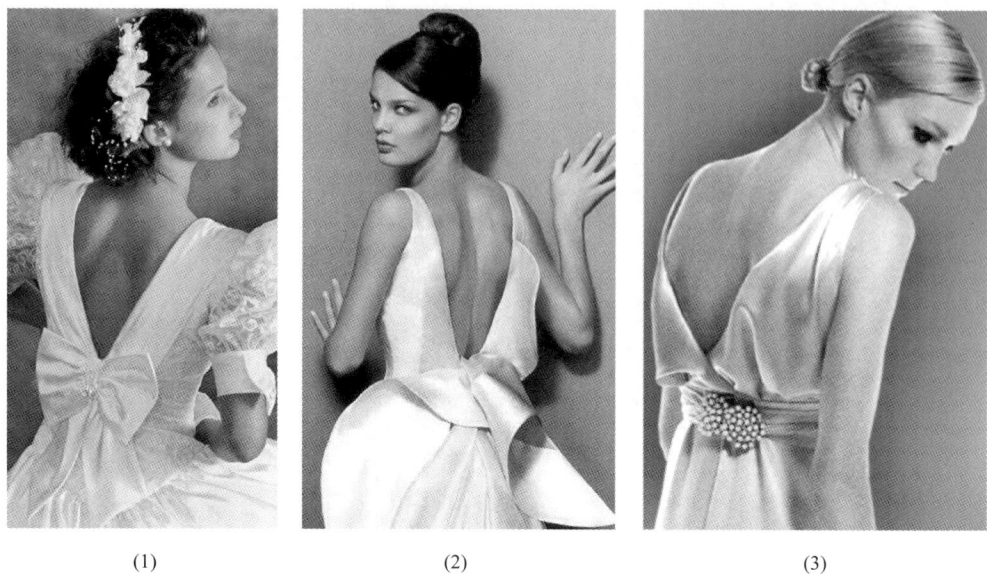

(1)　　　　　　　　　　(2)　　　　　　　　　　(3)

图3-15　背部点缀设计

处理精致、简单,加之适体的剪裁,将完美的女性体态表现得淋漓尽致。如图 3-16 (2)、(3)所示的背部简约的带条交叉,与臀部、腰间的蝴蝶结扎系形成呼应和对比,主次分明,将古典美和现代美融合在一起,轻松地展现出女性优美的肩、颈、背曲线。图 3-16(4)、(5)所示的背部设计趋于古典风格,对称的条形装饰增加了服装的灵动性,规律的条形排列又增加了服装的韵律感,整体服装形象精巧、别致。图 3-16(6)、(7)所示的背部设计运用了珠宝饰链,似项链、耳环般的纤细、精致,丰富了大面积裸露的背部,在饰链中部以珠宝饰花连接,其造型连贯、顺畅,贴体的设计,使其与肌肤浑然一体,风格古典,时尚高雅。

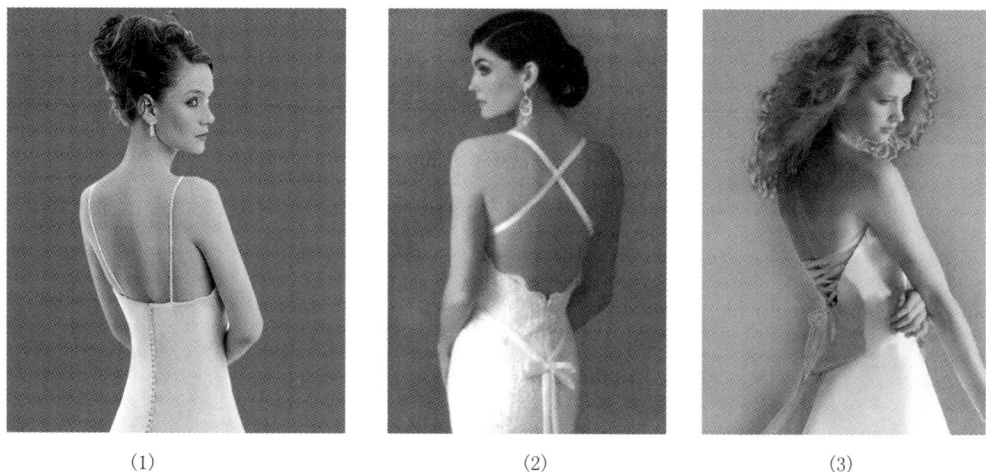

(1)　　　　　　　　　　(2)　　　　　　　　　　(3)

图3-16

(4)   (5)

(6)   (7)

图3-16　背部带饰设计

（三）花卉设计（Flower Design）

在礼服背部通过不同工艺手法塑造花卉形状及体积，可以突出设计主题。如图 3-17（1）所示的礼服背部设计以立体花为主题，沿着服装轮廓和结构线进行排列装饰，整体呈倒三角状。花的造型圆润、灵动，尤其加入了线的因素，使其形象更加生动。如图 3-17（2）、（3）所示的礼服采用真丝类薄质柔软面料，衣身采用细皱褶的方式，视觉上柔软、舒适，而背部装饰的立体花卉充分运用了面料特征进行再造，采用抽丝、扭转等方式得到其造型，并组合成菱形进行装饰。礼服充分将面料特征表现出来，并很好地展现了人体美。如图 3-17（4）所示的礼服背部设计采用大面积裸露，在臀部加以装饰的手法，重点突出，立体花型大气、生动，加之采用叠褶处理的拖裾，呈放射状，与之对应，使整体效果完美、独特，色彩、图案厚重、灵动，如油画般的凝重，如写意国画般的洒脱，具有很强的装饰性。如图 3-17（5）所示的礼服在透明的弹性面料上，以同色系珠片缝缀出立体花纹，工艺精湛，花型独特，色调、形态与整体服装和谐统一。

(1)　　　　　　　　　　(2)　　　　　　　　　　(3)

(4)　　　　　　　　　　(5)

图3-17　背部花卉设计

（四）飘带设计（Streamer Design）

礼服背部的飘带设计不但能增强线的律动，更是通过与点、面的结合，与线对比的方式增强服装的视觉效果。图 3-18（1）所示的飘带似被拉长的领带，轻松的离体式双层设计增加了动感和个性，而肩部的两朵立体花与之形成对比和衔接，生动、活泼。图 3-18（2）中黑色的纵向线条与腰带浑然一体，起到了承上启下的作用，而与其他三条本色、离体飘带同时出现，给人一种变异的美感。曲线和直线的情感交融在一起，达到了和谐统一，具有个性。图 3-18（3）所示的 U 型飘带状设计很具特色，且层次鲜明，贴体处的钻饰造型完美，达到了细节与整体的完美结合。

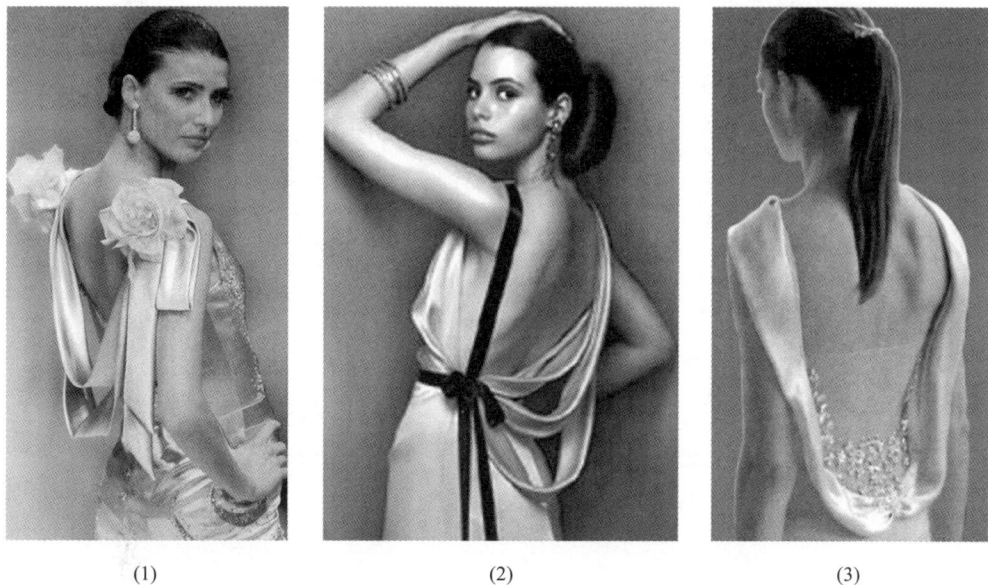

| (1) | (2) | (3) |

图3-18　背部飘带设计

二、背部立体造型实例（Examples of Back Three-dimensional Form）

（一）背部缀饰（Back Decorative Patch）设计造型

1. 款式特点

本款采用缀饰花卉设计，在后腰处形成较强的视觉中心，配合肩背袒露的起伏变化，具有性感、精致、委婉、高贵的装饰效果，如图 3-19 所示。

2. 学习要点

掌握后背曲线的美感表现；掌握花卉的制作、搭配与布局技巧，提高审美素质与审美能力。

3. 制作步骤（图 3-20）

（1）准备布料：后身布长 45cm、宽 24cm 的布料两块；裙布长 100cm，宽 50cm；花带布长 200cm 左右、宽 4cm；花瓣布为直径 2cm、3cm 的圆布片若干，如图 3-20（1）所示。

图3-19　背部缀饰款式图

（2）标记设计线：在人台背部标记 V 形设计线，重点考虑最低点的位置与曲线的构成，若有前身，还要考虑与其相衔接的问题，如图 3-20（2）所示。

（3）披右侧布：将后身布以正斜的方向披到人台上，上下可以预留些布料并固定，如图 3-20（3）所示。

（4）制作叠褶：向下做叠褶，并逐一调整好宽窄，分别在后中心与侧缝两端固定，如图 3-20（4）所示。

（5）标记轮廓：按设计线标记好轮廓，上面要预留出折边的量，下面要与腰部相吻合，后中心处要预留出搭接的量，剪掉余料如图 3-20（5）所示。

（6）背部效果：左右后身布对合，完成效果如图 3-20（6）所示。后中心处要做装饰的款式一般把开口设置在两侧。

（7）制作花饰：先制作花瓣，将 2cm、3cm 的小圆布片分别对折后再对折，即折成 1/4 圆若干块备用；再制作花叶，把花带布折成 0.8cm 左右宽度若干条，毛边折净，并烫平备用，如图 3-20（7）所示。

（8）缀装花卉：从后中心处的低端开始缀花饰。将做好的花带布从一端卷起，卷到花蕊需要的大小后用针将其固定。然后把做好的花瓣与花蕊组合，分别固定在背部，如图 3-20（8）所示。

（9）花饰效果：用做好的花带布制作花叶，来回折 6~8 次，可大可小，合理搭配，配合花朵固定，如图 3-20（9）所示。

（10）整体效果：观察整体效果，斟酌并调整不合适的部分，直至满意为止，如图 3-20（10）所示。

（11）样板结构：将后背衣身展开成平面，连接各标记点确定轮廓，标记褶裥位，修剪缝份，做出其样板结构，如图 3-20（11）所示。

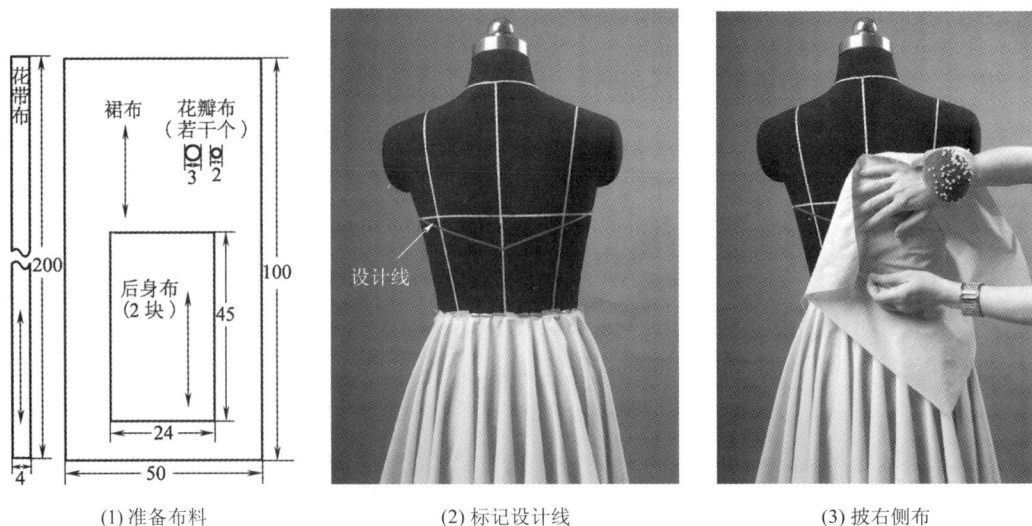

(1) 准备布料　　　　(2) 标记设计线　　　　(3) 披右侧布

图3-20

(4) 制作叠褶

(5) 标记轮廓

(6) 背部效果

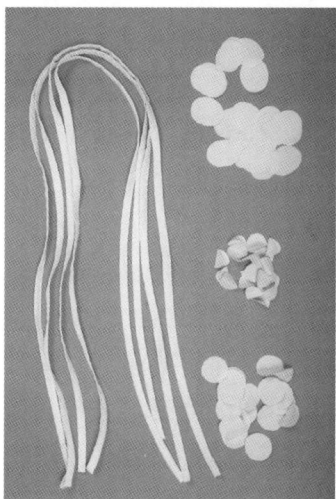

(7) 制作花饰

(8) 缀装花饰

(9) 花饰效果

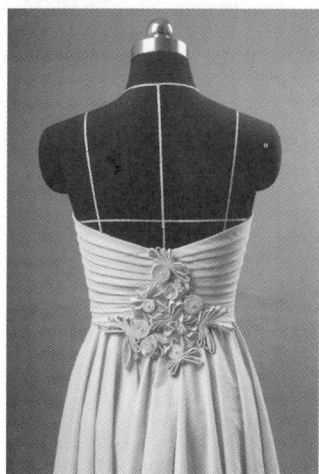

(10) 整体效果

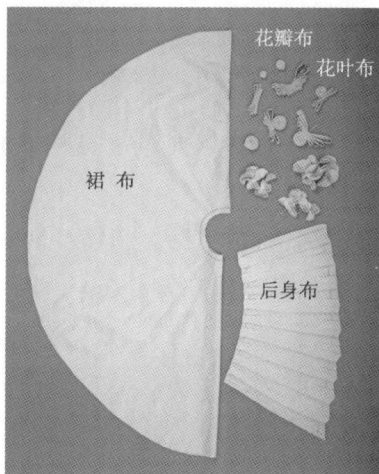

(11) 样板结构

图3-20　背部缀饰造型方法

（二）背部带卡装饰（Back Clasp Ornament）设计造型

1. 款式特点

本款后背采用带卡设计，腰带通过带卡后自然散开，与裙子后中心的褶裥相协调，具有几分韵味与情趣，如图 3-21 所示。

2. 学习要点

掌握背部造型方法，学习用带卡设计及搭配艺术。

3. 制作步骤（图3-22）

（1）准备布料：后身布为长 40cm、宽 21cm 的布料两块；腰带布长 90cm、宽 60cm；裙布为长 56cm、宽 40cm 的布料两块。标记好基准线，如图 3-22（1）所示。此外，还需要长 7cm、宽 6cm 的方形带卡。

（2）背部设计线：在人台上从肩开始向后腰部中心标记 V 形设计线，重点考虑后背曲线的构成效果，如图 3-22（2）所示。

（3）披左背布：对合后中线与肩线并固定，注意保持布料纱向的顺直，如图 3-22（3）所示。

（4）制作背部：从肩部、袖窿、侧缝理顺布料，按设计线标记轮廓，预留出缝份，剪掉余料。袖窿处一般不要开得太深，以防过于暴露，如图 3-22（4）所示。

（5）制作腰带：将腰带布经向对折，毛边折净，然后用叠褶的方法制作腰带，注意宽度的大小要与带卡内宽大小相一致，如图 3-22（5）所示。

图3-21　背部带卡装饰款式图

（6）制作腰带卡：将腰带的一端穿入带卡中，用缝针固定，如图 3-22（6）所示。

（7）假缝试穿：将后身布料的缝份扣烫，由于 V 形背部是斜纱制作，易于伸长，故可采用拱缝或牵条固定缝份。注意后开口与裙子开口的接合处理，如图 3-22（7）所示。

（8）整体效果：观察整体效果，斟酌并调整不合适的部分，直至满意为止，如图 3-22（8）所示。

（9）样板结构：将后背衣身展开成平面，连接各标记点确定轮廓，修剪缝份，做出其样板结构，如图 3-22（9）所示。

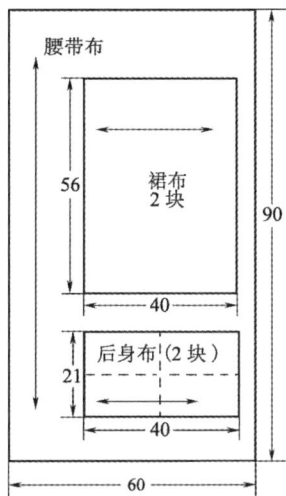

(1) 准备布料

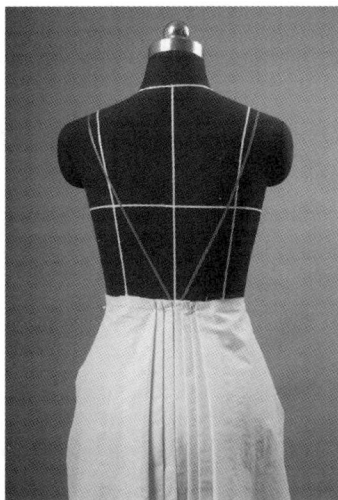

(2) 背部设计线

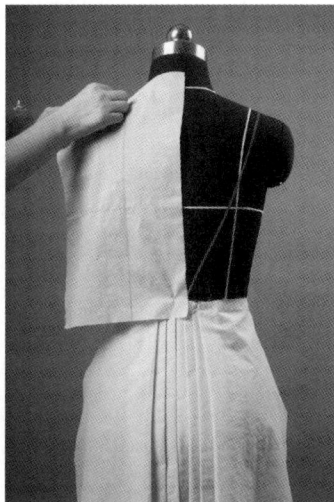

(3) 披左背布

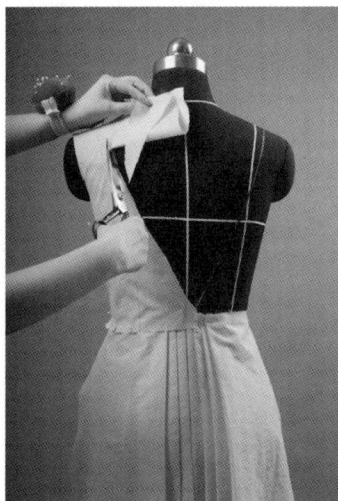

(4) 制作背部

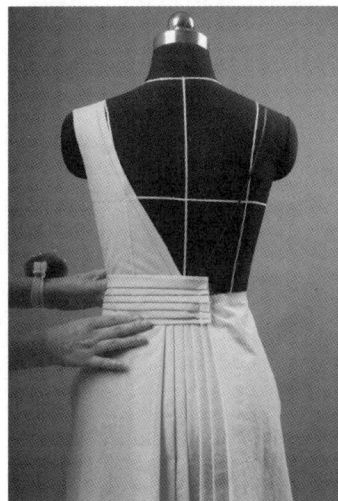

(5) 制作腰带

(6) 制作腰带卡

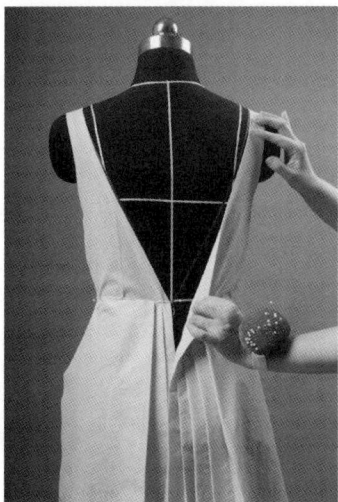

(7) 假缝试穿

(8) 整体效果

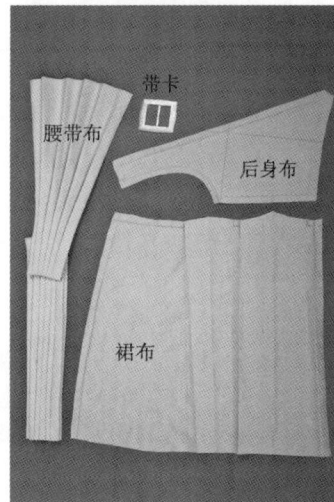

(9) 样板结构

图3-22　背部带卡装饰造型方法

（三）背部垂褶饰带（Back Draped Braiding）设计造型

1. 款式特点

图3-23 背部垂褶饰带款式图

本款背部采用 U 字型垂褶饰带，形成了柔美圆润的曲线特质，具有灵动飘逸的效果。内衬蕾丝或网眼布，增加了几分诱人、朦胧之美感，如图 3-23 所示。

2. 学习要点

掌握垂褶的制作方法，提高把握整体造型的协调与搭配的能力。

3. 制作步骤（图3-24）

（1）准备布料：后侧布长 42cm、宽 15cm；垂褶布长 105 cm、宽 25cm；网眼布长 38cm、宽 32cm；裙布为长 50 cm、宽 45cm 的布料两块，标记好基础线，如图 3-24（1）所示。

（2）标记设计线：从肩部开始标记背部设计线，设计背部裸露的大小，如图 3-24（2）所示。

（3）披后侧布：披布时使经纬纱保持相互垂直，理顺袖窿、肩部、侧缝等部位，使之松紧适宜，并且固定。然后标记轮廓，剪掉余料，如图 3-24（3）所示。

（4）披网眼布：披布时腰部下面可以多留一些布量，其他按轮廓预留 1.5cm 的缝份，剪掉余料。折净后侧布的缝份，与网眼布组合固定，如图 3-24（4）所示。

（5）披垂褶布：将垂褶布披上，先确定第一条垂褶的最低点，然后在肩部固定，如图 3-24（5）所示。

（6）制作垂褶：调整垂褶的层次、大小与高度，减少垂褶高度时可以在垂褶外围打剪口，然后标记垂褶外侧的轮廓，如图 3-24（6）所示。

（7）确定垂褶：确定垂褶后，标记垂褶的轮廓，预留出缝份，剪掉垂褶布的余料，如图 3-24（7）所示。

（8）标记裙开深位：若保持背部现有的形状，这一步则可省略。若后背呈 U 形的话，则需按照垂褶布最低点确定裙子开深的位置，并标记出来，如图 3-24（8）所示。

（9）确定 U 型背部：用带子标记 U 型背部，注意与后侧布的衔接，预留出缝份，剪掉余料，并将毛边折进，如图 3-24（9）所示。

（10）整体效果：将垂褶布的毛边扣烫，按标记重新披到后背上，在肩部的下方 8cm 左右处缩缝。观察整体效果，斟酌并调整不合适的部分，直至满意为止，

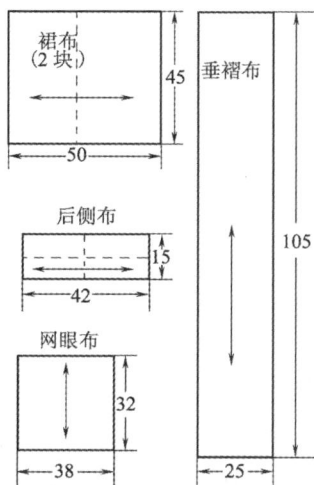

裙布
(2块)
45
50

垂褶布
105
25

后侧布
15
42

网眼布
32
38

(1) 准备布料

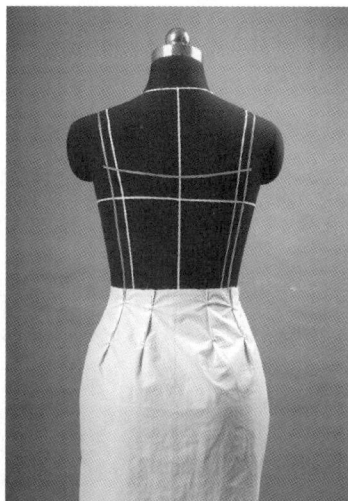

(2) 标记设计线

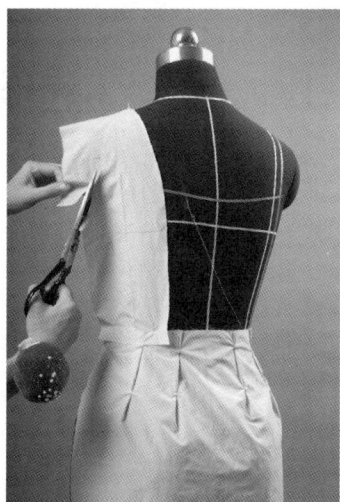

(3) 披后侧布

(4) 披网眼布

(5) 披垂褶布

(6) 制作垂褶

(7) 确定垂褶

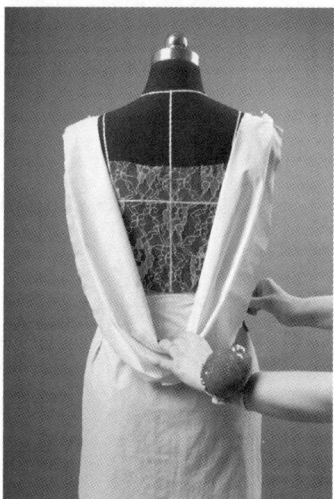

(8) 标记裙开深位

图3-24

如图 3-24（10）所示。

（11）样板结构：将后背衣身展开成平面，连接各标记点确定轮廓，确定垂褶布褶裥、裙腰省的位置，修剪缝份，做出其样板结构，如图 3-24（11）所示。

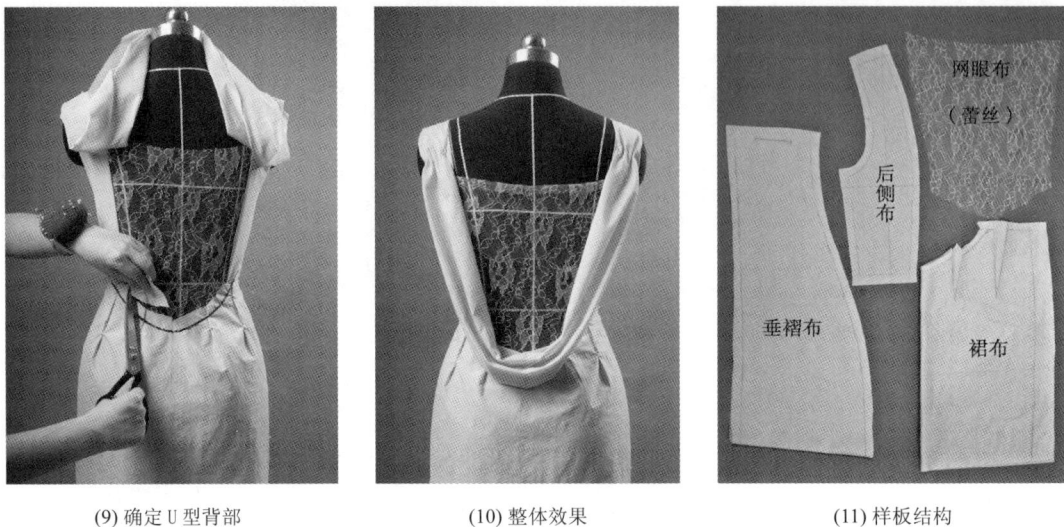

(9) 确定 U 型背部　　　　　　　(10) 整体效果　　　　　　　(11) 样板结构

图3-24　背部垂褶饰带造型方法

第三节　袖型立体造型
Three-dimensional Form of Sleeve Shape

袖型是礼服设计的重要部位，尽管无袖礼服占据了"半壁江山"，但袖型的搭配与变化还是不可或缺的。配合礼服设计，袖型可以是上宽下窄的造型，也可以是上窄下宽的造型；可以是短袖、长袖及连袖，也可以是不对称或独袖；造型手法可以采用褶饰、编饰等。下面列举袖型造型实例进行说明，且通过袖型立体裁剪实例进一步加以解析。

一、袖型造型与设计解析（Sleeve Modeling and Design Analysis）

（一）上宽型设计（Broad Above Shoulder Design）

上宽型设计的袖型具有强烈的视觉效果和独特的艺术感染力。图 3-25（1）所示的袖型造型独特，通过连续编结无数个带状花饰堆积而成的球状结构，使袖型的造型夸张，在有序中求变化，生动、丰富。图 3-25（2）所示的衣袖富有创意，通过透明且有线条肌理的面料及勾勒效果的花朵来实现，造型较抽象，缝绣适量的钻珠，在粗犷中有细腻。图 3-25（3）所示的袖山隆起，通过打褶、立裁等手法使袖体宽松，袖身无任何装饰，以衬托衣身的精致图案。图 3-25（4）所示的袖型选材独特，为机械轧褶的略透明且较具韧性的面料，通过反转造型，营造出贝壳般的曲面，又如变形的扇面。图 3-25（5）所示的袖型利用塑料质感折叠而呈凸起的袖山、膨起且透明的袖身、收紧的袖口，且以二方连续的同质感的立体花装饰，加以串珠点缀，使袖型整体造型完整、干练。图 3-25（6）所示的衣袖采用抽褶的

(1)

(2)

(3)

(4)

(5)

(6)

图3-25

(7)   (8)

图3-25　上宽型袖型设计

方式，将两种面料衔接起来，简约中寻求变化。图 3-25（7）所示的袖山下移，肩膀外露，呈现出干练的几何造型，幽默、时尚。图 3-25（8）所示的独袖设计表现出均衡之美，两层荷叶边的造型，飘逸而柔软，与衣身对应一侧的面料形成呼应。

（二）上宽下窄型设计（Wide Top and Narrow Bottom Design）

上宽下窄型的袖型对比强烈、结构完美。隆重、夸张、大方的羊腿袖，具有十分浓郁的欧洲宫廷复古味道，其独特的造型往往令人联想起浪漫主义服饰的特点，其根源可上溯至文艺复兴时期的羊腿袖。图 3-26 所示的袖山丰硕，呈球状，通过裁剪及打褶的手法，呈现夸张的泡泡状，而前臂则适体、干练。图 3-26（1）所示的面料还采用了有凸起感的蕾丝，且以亮钻装饰，风格趋于奢华的宫廷式。图 3-26（2）

(1)   (2)

图3-26

(3)

(4)

图3-26　上宽下窄型袖型设计

所示的袖子面料挺括，肩部采用加大褶裥使造型膨起，袖山移向领口处，减少向外膨胀感，整体典雅别致。图 3-26（3）充分利用黑色面料，展现其光泽感、通透感、神秘感。图 3-26（4）是典型的婚礼服袖子造型，肩臂裸露，袖子修长，盖住手背，肘部上方设计灯笼造型，上下形成强烈反差，加上大小不同的亮珠增强装饰性，衬托出穿着者的妩媚。

（三）下宽上窄型设计（Narrow Top and Wide Bottom Design）

下宽上窄型的衣袖造型优美，风格浪漫。图 3-27（1）所示的衣袖造型取消了袖山的结构，上臂至下臂处适体，手腕处呈大喇叭状设计，连接处以立体花型环绕，面料采用了女性味十足的蕾丝。图 3-27（2）所示的衣袖以球状体积打造个性细节，在整体服饰形象中造型鲜明，达到局部与整体的和谐统一。图 3-27（3）

(1)

(2)

图3-27

(3)

图3-27 下宽上窄型袖型设计

为单侧的长袖设计，面料为黑色纱质，为了避免大面积遮覆所造成的沉闷，设计师对整体袖身进行了镂空处理和立体花盘结，其造型独特、优雅，虽然采用黑色，但却轻巧、灵动。

二、衣袖立体造型实例（Examples of Sleeve Three-dimensional Form）

（一）蝴蝶结袖型（Tied Sleeve）设计造型

1. 款式特点

本款袖型是蝴蝶结应用于衣袖的一种设计，该袖型需要与整体相协调（如膨起的短裙）。袖子可自由拆卸，灵活搭配，具有简单、大气、优雅的视觉效果。本款式采用略厚、挺括的布料制作效果更佳，如图 3-28 所示。

2. 学习要点

学习袖子造型设计的思路与造型方法。

3. 制作步骤（图3-29）

（1）准备布料：袖布为长 45cm、宽 25cm 的布料两块，结布长 15cm、宽 10cm。标记好基准线，如图 3-29（1）所示。

（2）装手臂：将布手臂装在人台上，注意袖窿部的吻合，手臂不偏前偏后，自然向前下垂。同时，将衣身、袖窿部分确定好，如图 3-29（2）所示。

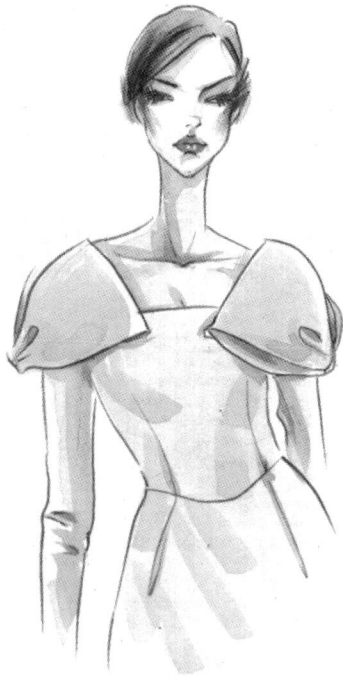

图3-28 蝴蝶结袖型款式图

（3）标记设计线：按款式图设计衣袖的形状，包括衣袖的大小、结的宽度、衣袖在肩部的升高量等细节，如图3-29（3）所示。

（4）披袖布：将袖布以长度中心对折（毛边在袖中线侧），披到肩部，按设计线固定。然后把袖布围到手臂的侧面做褶，斟酌褶的大小，将褶固定，如图3-29（4）所示。

（5）标记轮廓：标记衣袖的轮廓，剪掉余料，如图3-29（5）所示。

（6）装固定结：后袖以同样的方法制作。将结布毛边折进，折成2~3cm的宽度，把前后袖连接起来，并确定结的围度，如图3-29（6）所示。

（7）整体效果：观察前、后、侧及整体效果，斟酌并调整不合适的部分，直至满意为止，如图3-29（7）、（8）所示。

（8）样板结构：将衣袖展开成平面，连接各标记点确定轮廓，标记褶裥位，修剪缝份，做出其样板结构，如图3-29（9）所示。

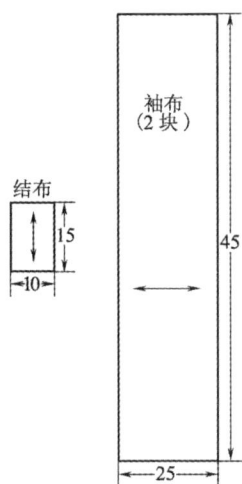

(1) 准备布料

(2) 装手臂

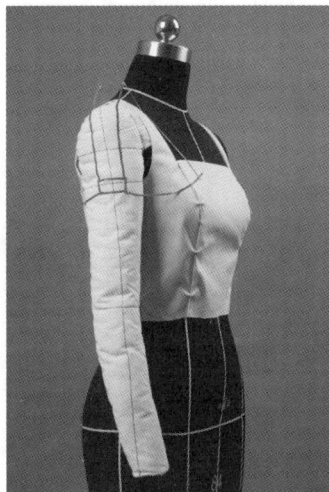

(3) 标记设计线

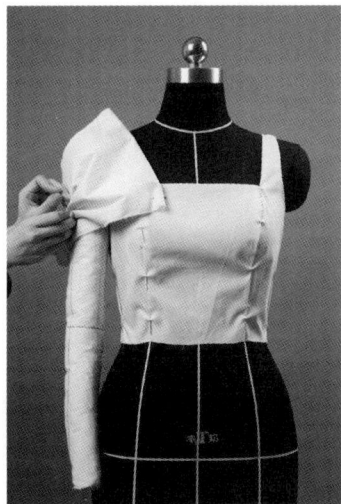

(4) 披袖布

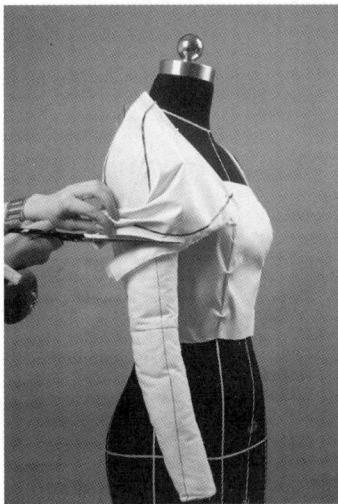

(5) 标记轮廓

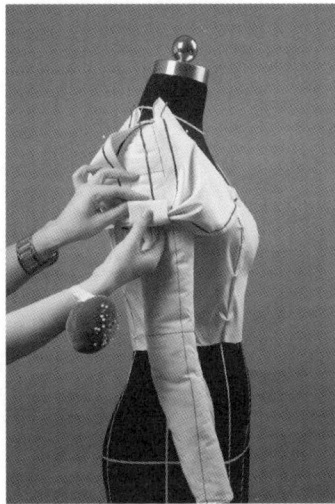

(6) 装固定结

图3-29

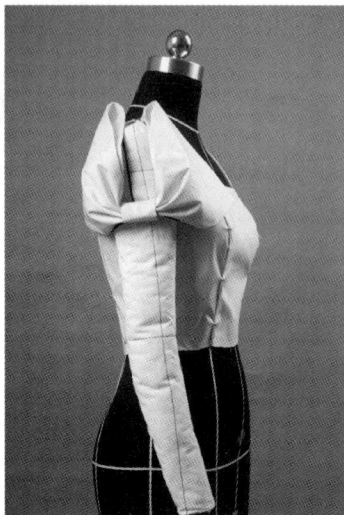
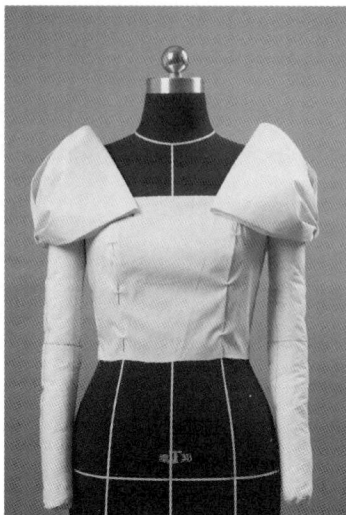
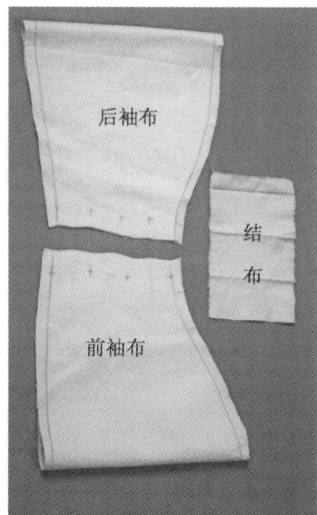

(7) 侧面效果	(8) 正面效果	(9) 样板结构

图3-29　蝴蝶结袖型造型方法

（二）鸡腿袖型（Poulet Sleeve）设计造型

1. 款式特点

本款袖型采用上宽下窄的鸡腿造型设计，突出肩部的夸张，与纤细的袖身形成强烈的对比，同时增加立体与装饰效果。

2. 学习要点

分析衣袖的造型思路，掌握强调袖山造型的装饰手法与褶纹的制作技巧；把握袖山与袖窿的吻合关系。

3. 制作步骤（图3-31）

（1）准备布料：袖布长60cm、宽42cm；褶饰布长56cm、宽43cm。标记好基准线，如图3-31（1）所示。

（2）装手臂：将布手臂装在人台上，注意袖窿部的吻合，手臂不偏前偏后，自然向前下垂。同时，配置适当的衣身，并将衣身的袖窿部分确定好，如图3-31（2）所示。

（3）衣袖结构：可以利用平面与立体相结合的方法制作。考虑一片袖平面制图的便捷性，采取平面制图法，需要确定袖窿弧长的尺寸（AH），为了合体，可做纵向袖肘省，如图3-31（3）所示。

图3-30　鸡腿袖型款式图

（4）制作衣袖：将衣袖结构图拓印到袖布上，然后先别合肘省，再别合袖缝，最后缩缝袖山（抽袖包），袖山大小与袖窿尺寸相吻合，如图 3-31（4）所示。

（5）装衣袖：用藏针别法将衣袖装于袖窿处，如图 3-31（5）所示。

（6）标记褶饰部位：设计并标记褶饰部位，为了使肩部膨起，需要添加垫肩，该垫肩可以用硬纱缩缝制作而成，自行设计其高度及大小，如图 3-31（6）所示。

（7）披褶饰布：利用面料斜纱的特点，采取斜纱制作褶饰，并固定褶饰布，如图 3-31（7）所示。

（8）褶饰制作：将褶饰布逐一抓出褶纹并固定，为了使褶纹丰富，在袖山两侧用叠褶的方式配合，做好一处，用针固定一处。这个环节制作起来比较难，要

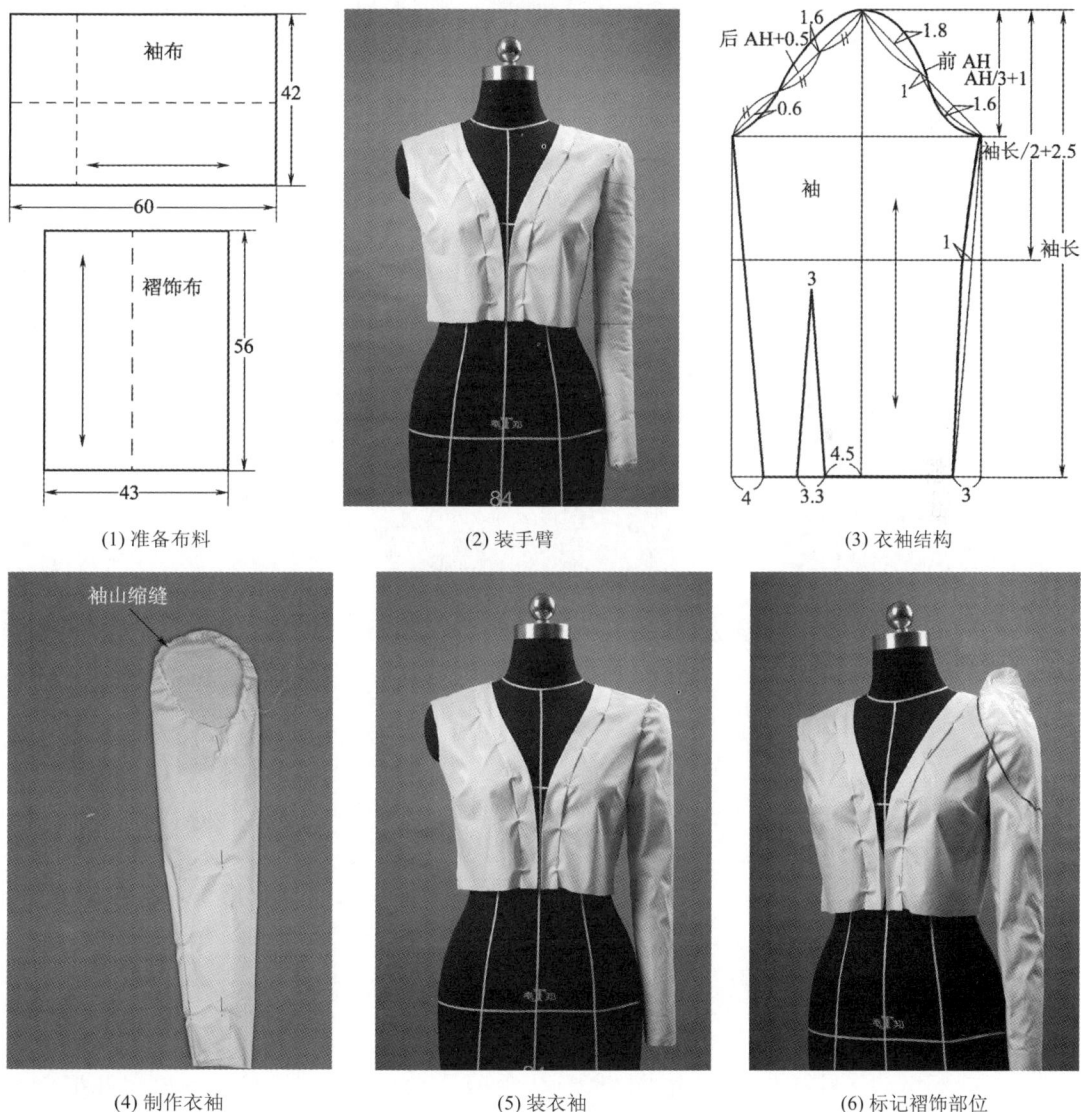

(1) 准备布料

(2) 装手臂

(3) 衣袖结构

(4) 制作衣袖

(5) 装衣袖

(6) 标记褶饰部位

图3-31

(7) 披褶饰布

(8) 褶饰制作

(9) 标记轮廓

(10) 正面效果

(11) 侧面效果

(12) 样板结构

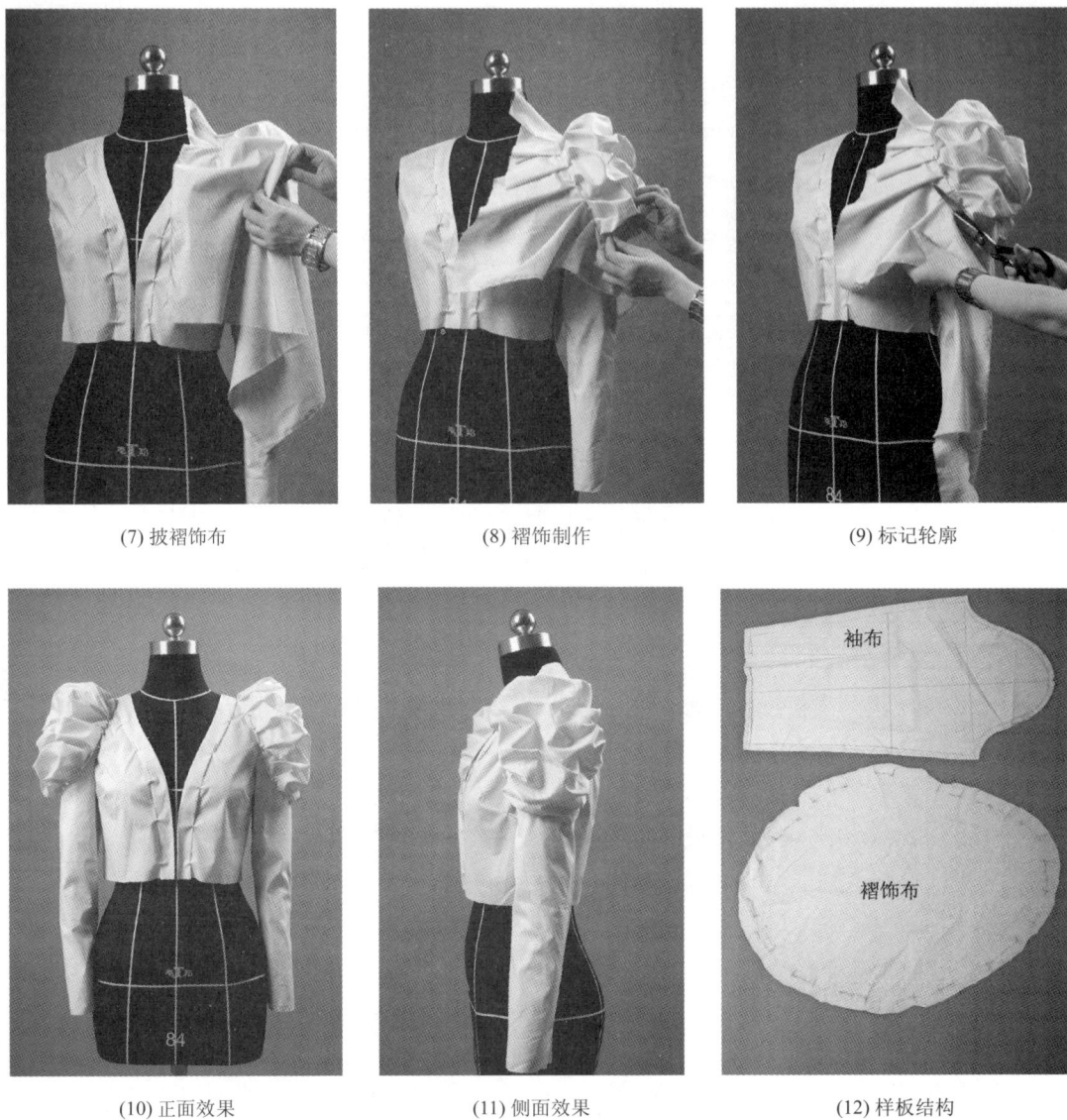

图3-31　鸡腿袖型造型方法

反复几次，并修改而成，如图 3-31（8）所示。

　　（9）标记轮廓：将袖山的褶纹调整好，袖山与袖窿相吻合，标记褶饰轮廓，如图 3-31（9）所示。

　　（10）整体效果：从正面、侧面观察效果，斟酌并调整不合适的部分，直至满意为止，如图 3-31（10）、（11）所示。

　　（11）样板结构：将衣袖展开成平面，连接各标记点确定轮廓，标记褶裥位与袖山固定点，修剪缝份，做出其样板结构，如图 3-31（12）所示。

（三）灯笼袖型（Lantern Type Sleeve）设计造型

1. 款式特点

本款袖型设计为上臂合体、下臂呈灯笼状，与宽松的衣身巧妙搭配，具有较强的整体感与夸张效果，如图 3-32 所示。

2. 学习要点

分析衣袖的造型思路，掌握灯笼袖筒造型的装饰手法。

3. 制作步骤（图3-33）

（1）准备布料：袖布长 56cm、宽 36cm；灯笼布长 62cm、宽 45cm。标记好基准线，如图 3-33（1）所示。

（2）标记设计线：将布手臂装在人台上，注意袖窿部的吻合。同时配置宽松的衣身，标记领口线，要结合肩部考虑，如图 3-33（2）所示。

图3-32　灯笼袖型款式图

（3）披袖布：将袖布的上端缩缝，然后固定在人台手臂上，并调整袖布的经纬纱向，如图 3-33（3）所示。

（4）制作衣袖：将袖布围拢臂根部，在手臂的内侧接合，调整衣袖的松度，确定袖缝线，如图 3-33（4）所示。

（5）确定袖窿：将袖山与袖窿接合，确定袖底弧线，剪掉余料，如图 3-33（5）所示。

（6）制作衬垫：将硬纱对折并缩缝，沿对折线缩缝，硬纱折叠褶的大小与灯笼袖的大小成正比，如图 3-33（6）所示。

（7）装衬垫：将做好的衬垫装于手臂上，继续调整其形状与大小，如图 3-33（7）所示。

（8）披灯笼布：从灯笼布的长度一端逐一做叠褶，使做成叠褶后的长度与接合部位的长度基本相同，然后装于手臂上，再立体进行造型调整，收紧袖口，如图 3-33（8）所示。

（9）整体效果：从正面、侧面观察效果，斟酌并调整不合适的部分，直至满意为止，如图 3-33（9）、（10）所示。

（10）样板结构：将衣袖展开成平面，连接各标记点确定轮廓，标记灯笼袖部分的褶裥位，修剪缝份，做出其样板结构，如图 3-33（11）所示。

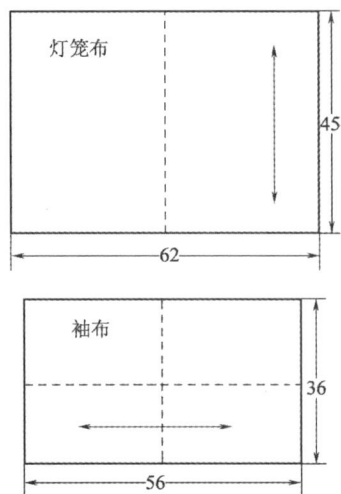

灯笼布

45

62

袖布

36

56

(1) 准备布料

(2) 标记设计线

(3) 披袖布

(4) 制作衣袖

(5) 确定袖窿

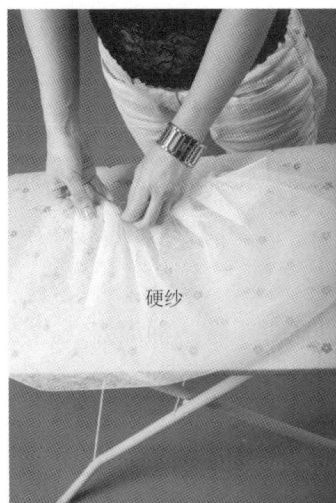

硬纱

(6) 制作衬垫

(7) 装衬垫

(8) 披灯笼布

图3-33

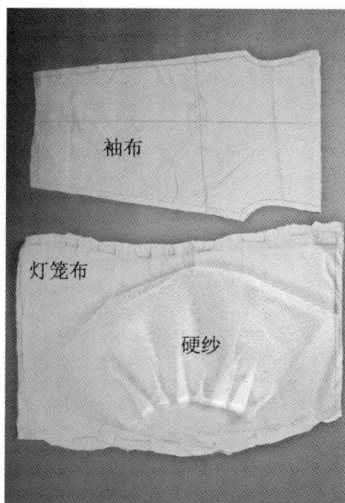

(9) 正面效果　　　　　　　　　(10) 侧面效果　　　　　　　　　(11) 样板结构

图3-33　灯笼袖型造型方法

第四节　裙型立体造型
Three-dimensional Form of Dress Shape

　　裙子具有占整个礼服面积之首的优势，其变化对礼服的整体造型影响至关重要。裙子设计包括腰线、裙长、廓型等细节设计。例如，腰线位置有高腰、中腰、低腰之分；腰线有直线与曲线之别；裙长的变化幅度更大，由小礼服的膝上长度到晚礼服的膝下长度至婚礼服的拖地变化等；不同造型和长短的裙摆会强化整件礼服的风格，演绎出不同魅力的款式。裙子廓型主要包括陶瓶型、钟型、鱼尾型、圆台型、拖尾型、塔型、球型等，加之色彩、面料、装饰、手法的变化，构成了裙子的万千世界。下面列举裙子造型实例进行说明，且通过其立体裁剪实例进一步加以解析。

一、裙型造型与设计解析（Skirt Type and Design Analysis）

（一）陶瓶型裙（Pottery Skirt）设计

　　陶瓶型裙服贴于人体，可以表现出优美的体型，性感、干练。图 3-34（1）为紧身造型，青春中混合成熟的韵味；裙摆至膝盖处，通过平缓的斜向叠褶，增强裙子的生动性和节奏感，并与上身款式及工艺相呼应。图 3-34（2）、（3）、（4）中的裙子修身合体，衬托出女性端庄高雅的特性，略微收拢的下摆造就含蓄美，简洁而不失别致、舒适。

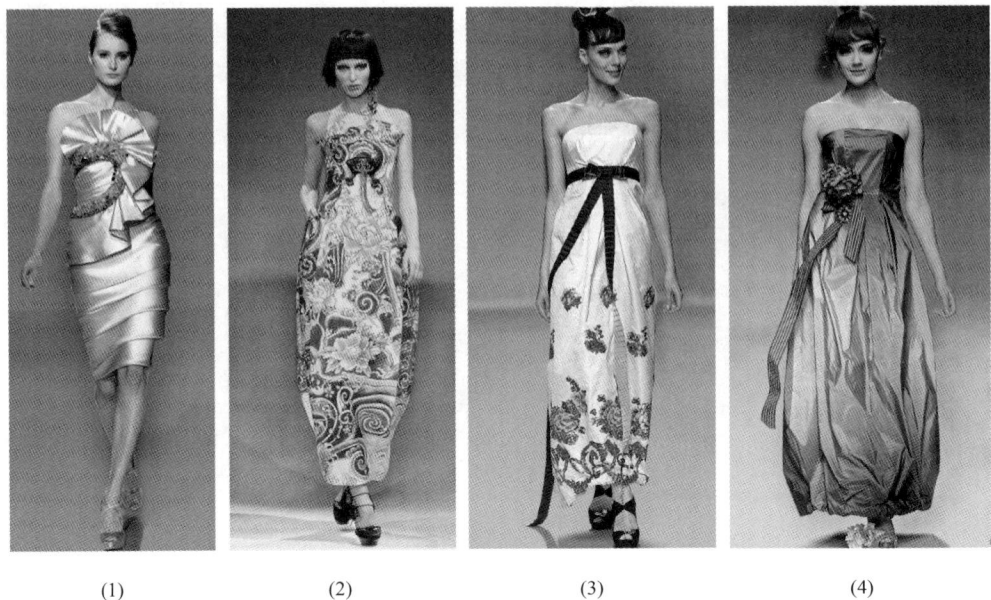

(1)   (2)   (3)   (4)

图3-34　陶瓶型裙设计

（二）拖尾型裙（Tail Skirt）设计

拖尾型裙风格高贵、浪漫。拖尾一般可以分为短拖尾（60～80cm）、中拖尾（120～150cm）和长拖尾（200cm以上），不同长度的拖尾裙适合不同的活动场合，但更重要的是要适合不同身材的着装者。例如，小拖尾裙穿着舒适，行路轻便，适合多种身材的着装者；中拖尾裙最适合走红毯的隆重场合，但它不适合身材过于瘦小的着装者；长拖尾裙适合用在婚礼服上，这是每一个女人的从少女就开始的公主梦，它比较适合身材高挑的新娘。图3-35（1）所示为自然拖尾式造型，取消了裙撑的制约，通过立体裁剪达到如流水般顺畅的效果，风格自然、典雅。图3-35（2）、（3）中的拖尾型裙在大腿下部以上非常合体，从大腿下部开始逐渐扩散开来，运用了大量有规律的叠褶及立体造型手法完成造型，气质高雅。

（三）鱼尾型裙（Fish-tail Skirt）设计

裙摆呈鱼尾状的礼服，造型唯美，凸显女性的完美曲线，并充满了童话色彩。图3-36（1）所示的裙摆为小鱼尾式，臀部至膝盖以上为适体裁剪，凸显女性形体，而膝盖以下逐渐打开，呈鱼尾状，无裙撑，整体效果婉约、柔美。图3-36（2）所示为横向分割鱼尾式裙摆，从膝盖处起以立体裁剪的方式获得较挺括的褶纹，风格独特，廓型明朗。图3-36（3）所示为鱼尾式裙摆，通过在裙摆处堆褶、折叠缎带等工艺手法塑型，肌理效果明显，设计构思独特。

(1)　　　　　　　　　(2)　　　　　　　　　(3)

图3-35　拖尾型裙设计

(1)　　　　　　　　　(2)　　　　　　　　　(3)

图3-36　鱼尾型裙设计

（四）圆台型裙（Rotary Table Type Skirt）设计

圆台型裙摆造型简单，长短变化丰富。圆台型裙摆是礼服较为常用的裙摆造型，从腰部向下慢慢张开，膨起的裙摆，加上看似漫不经心的花边或褶皱，散发着温柔甜蜜的浪漫气息。图 3-37（1）中充满现代感的短裙，使用有光泽的面料，加之简约、时尚的设计，使整款礼服干练、时尚。图 3-37（2）中加长的圆台型裙摆设计，主次分明，摆围处的荷叶边设计如碧波荡漾，充满了浪漫色彩。图 3-37（3）中的礼服采用高温定型褶皱线条的闪光面料制作，仿佛从腰部散发出的一道道波纹，起伏飘荡，光彩夺目。

(1)　　　　　　　　　　(2)　　　　　　　　　　(3)

图3-37　圆台型裙设计

（五）塔型裙（Tower Skirt）设计

图 3-38（1）中的礼服自臀部下方以层层荷叶边相叠，塑造庞大裙摆造型，气势恢弘、高雅时尚。图 3-38（2）、（3）所示的塔型裙摆饰以刺绣花纹或同色立体花，疏密有致，层次鲜明。图 3-38（4）所示的塔型礼服造型在视觉上呈踏实、稳定的效果，利用蕾丝花边做出层层叠叠的效果，具有很强的立体创意性，加之镂空工艺以及材质上的变化，凸显女性的高雅气质。

（六）钟型裙（Campaniform Skirt）设计

图 3-39（1）的礼服裙摆呈大钟型，为了在臀围线以上增加丰满度，腰部多以加大褶饰使裙体膨起，内加衬里或裙撑。夸张的裙摆演绎着古典风格，而立体花与闪光花边的运用使整体着装形象更加大气、华贵，具有强烈的古典美。图 3-39（2）为极传统的经典礼服款式，以吊钟型加拖裙的造型展现女性的高贵气质。

（七）球型裙（Spheroidal Skirt）设计

如图 3-40（1）所示的礼服裙型运用线的折转、包缠方式，创造出简约、时尚、

(1)　　　　　　　　　　　　　　　　(2)

(3)　　　　　　　　　　　　　　　　(4)

图3-38　塔型裙设计

现代之美。图 3-40（2）所示的礼服则运用抽褶手法，层层叠叠地堆在一起，塑造出球状的造型，疏密有致，充满了节奏感。图 3-40（3）的礼服造型简约，但却非常明确地表现出色彩和图案的魅力。

(1)　　　　　　　　　　　　　(2)

图3-39　钟型裙设计

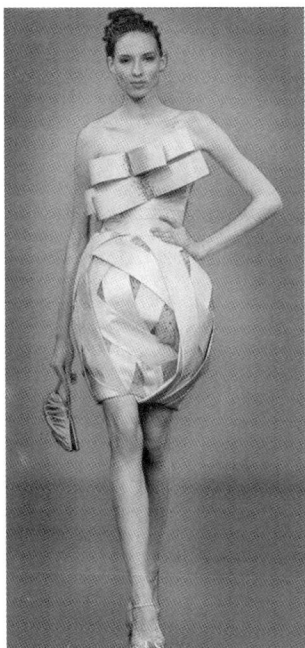

(1)　　　　　　　　　(2)　　　　　　　　　(3)

图3-40　球型裙设计

二、裙子结构设计（structure design of ceremony dress）

说明：

①本节选择五款裙子作为各类裙子造型的范例。

②由于受裙子长度与围度的限制，故采取平面与立体相结合的方式，即平面

制图之后立体修正，确定其轮廓的设计思路。

③均以裙子原型为基本型。

（一）A字型长裙（A Font Long Skirt）设计造型

1. 款式特点

本款是A字型长裙，腰部无省缝，四片结构。裙子简洁大方，合体随意，是礼服中经常选配的裙子形式，适合晚会、派对等多种场合选用，如图3-41所示。

2. 学习要点

掌握A字型裙的基本结构及绘图方法，掌握立体试衣与修正方法。

3. 结构要点（图3-42）

（1）参考规格：腰围66cm，臀围88cm，裙长100cm。

（2）前裙片：

①腰围大：$W/4+1$cm（前后差）$+3$cm（腰省量）。

②臀围大：$H/4+1$cm（前后差）$+1$cm（放松量）。

③摆围大：前中心下摆处加6cm，前侧缝下摆处加10cm。利用剪开放出法，将前腰省量折叠的同时，前裙中部下摆处加约15cm。

（3）后裙片：

①腰围大：$W/4-1$cm（前后差）$+3$cm（腰省量），注意后中线腰部收进1cm。

图3-41 A字形长裙款式图

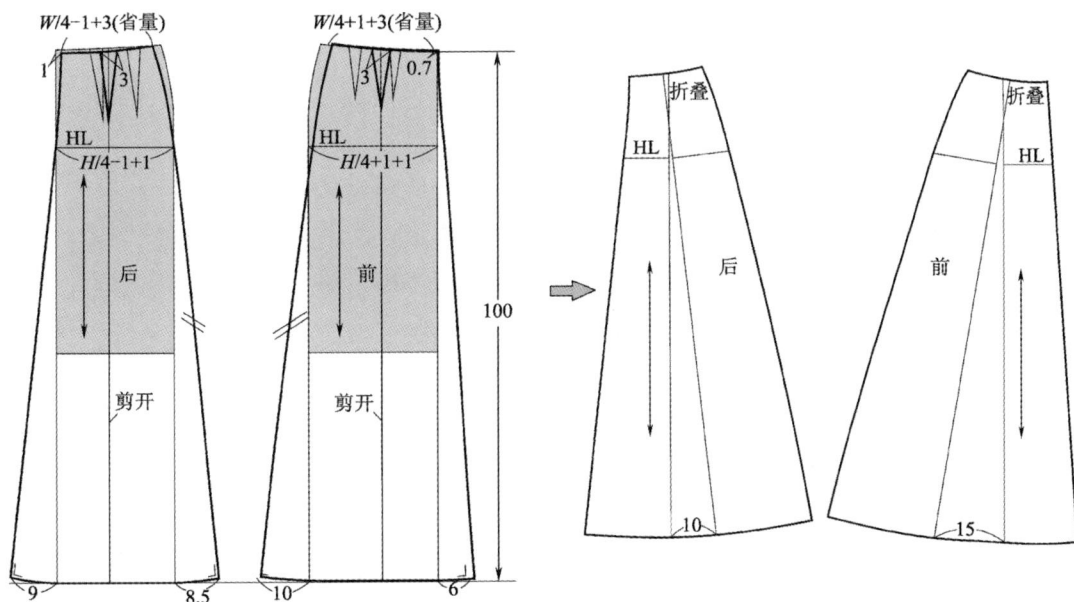

图3-42 A字型长裙结构图

②臀围大：H/4-1cm（前后差）+1cm（放松量）。

③摆围大：后中心下摆处加9cm，后侧缝下摆处加8.5cm。利用剪开放出法，将后腰省折叠的同时，后裙中部下摆加放10cm。

（4）细节调整：连接各部位曲线，注意接合部位（结构缝）等长、摆围曲线圆顺等，正确标注各裁片的纱向。

4. 立体修正

将绘制好的结构图加放缝份与折边，然后组合在一起。立体观察正面、侧面、背面的效果，结合立体裁剪法，调整造型与细部不适合的部分，直至满意为止，如图3-43所示。

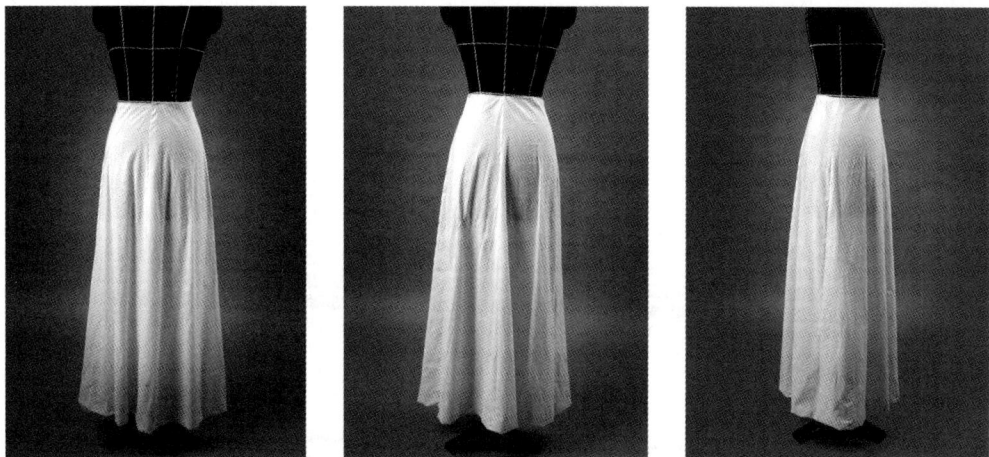

(1) 正面　　　　　　(2) 侧面　　　　　　(3) 背面

图3-43　A字型长裙立体效果

（二）短拖尾裙（Short Tail Skirt）设计造型

1. 款式特点

本款是腰部有碎褶、裙身膨起、后下摆呈圆弧状的小拖尾裙。腰部一般可加200cm左右的褶量，摆围褶量一般可达500cm。短拖尾裙是婚礼服的常用"模式"，适合婚礼等正式场合选用，如图3-44所示。

2. 学习要点

掌握拖尾裙的基本结构，前、侧、后裙片互借的方法，掌握立体试衣与修正的方法。

3. 结构要点（图3-45）

（1）参考规格：腰围66cm，臀围88cm，裙长114cm，拖尾长56cm。

图3-44　短拖尾裙款式图

（2）腰围大：前片腰围大为 $W/8+26$cm（褶量），后片腰围大为 $W/4-4$cm（前后差）$+35$cm（褶量）；侧腰围大为 4cm（前后差）$+21$cm（皱褶量）与 $W/8+14$cm（褶量）。在前、后、侧面的腰部共加出 96cm 的褶量（腰部一半的褶量），各裙片互借量可以自行调整。

（3）下摆大：通过前裙长的延长线计算，前裙摆 56cm，后裙摆 102cm，侧裙摆 84cm，共计 242cm（下摆一半的褶量）。

（4）细节调整：连接各部位曲线，注意接合部位（结构缝）等长、拖尾部分裙摆与侧裙摆曲线连接圆顺等，正确标注各裁片的纱向。

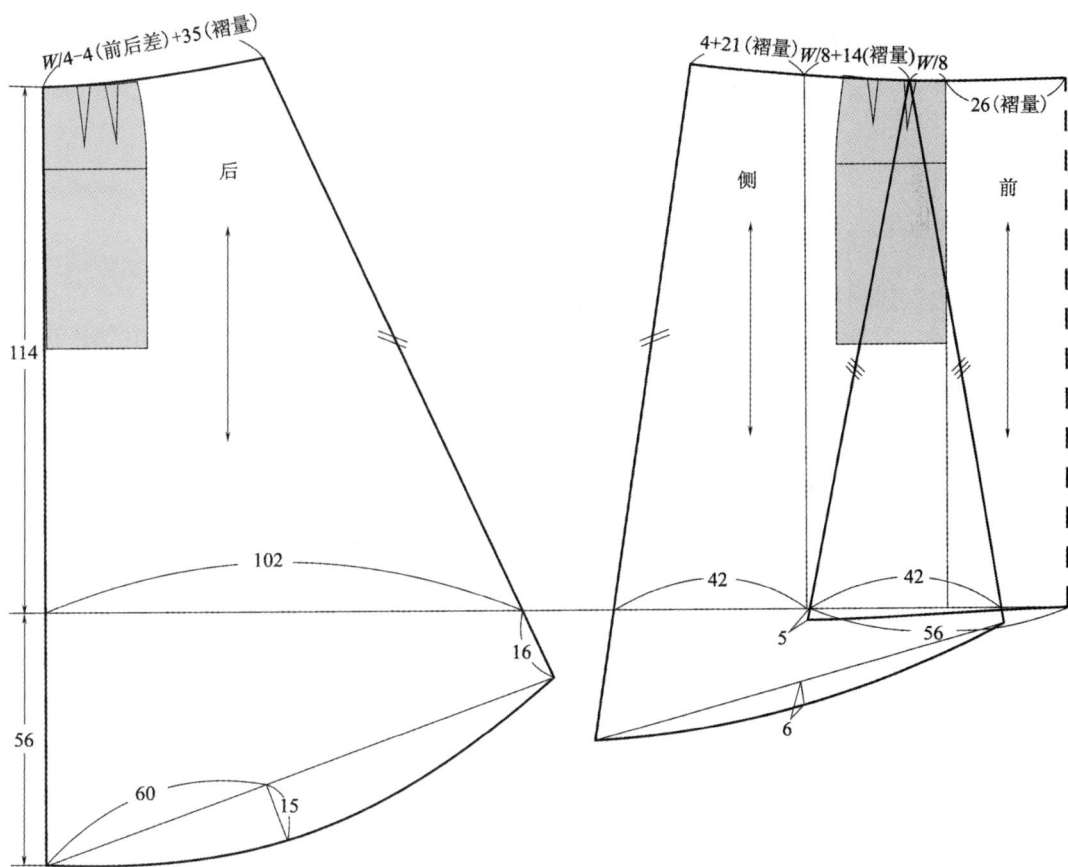

图3-45 短拖尾裙结构图

4. 立体修正

将绘制好的结构图加放缝份与折边，然后组合在一起。立体观察正面、侧面、背面的效果，结合立体裁剪法，调整造型与细部不适合的部分，直至满意为止，如图 3-46 所示。

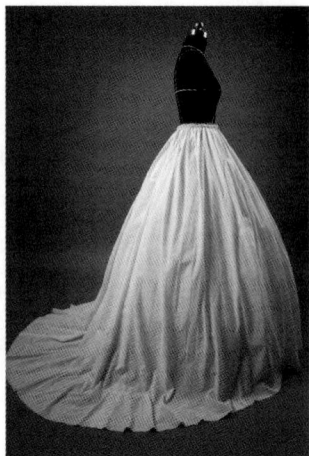

| (1) 正面 | (2) 背面 | (3) 侧面 |

图3-46 短拖尾裙立体效果

（三）中拖尾裙（Mid-Long Tail Skirt）设计造型

1. 款式特点

本款是中拖尾裙设计（拖尾长达143cm），是高档婚礼服常用的裙子样式。采用A字型且搭配裙撑，会更加大气庄重，适合婚礼场合选用，如图3-47所示。

2. 学习要点

掌握中拖尾裙的设计制作要点，掌握立体试衣与修正方法。

图3-47 中拖尾裙款式图

3. **结构要点**（图3-48）

（1）参考规格：腰围66cm，臀围88cm，裙长112cm，拖尾长143cm。

（2）前裙片：利用裙子原型剪开放出法，将腰省折叠，加大摆围。摆围的宽度一般按面料的幅宽大小决定，这样可以有效利用面料。

（3）后裙片：通过增加裙侧片加大裙摆量，即腰省一边与后中线到底边2cm点连线，与侧缝线构成侧片；腰省的另一边与摆围1/3点连线延长，同时在后中线上，按裙长向上13cm处向外放18cm与腰中心点连线并延长143cm（后托尾长）构成后片。注意后片与侧片的交叉重叠的结构特征。

（4）细节调整：连接各部位曲线，注意接合部位（结构缝）等长、拖尾部分裙摆与前、侧裙摆曲线连接圆顺等，正确标注各裁片的纱向。

4. **立体修正**

将绘制好的结构图加放缝份与折边，然后组合在一起。立体观察正面、背面、

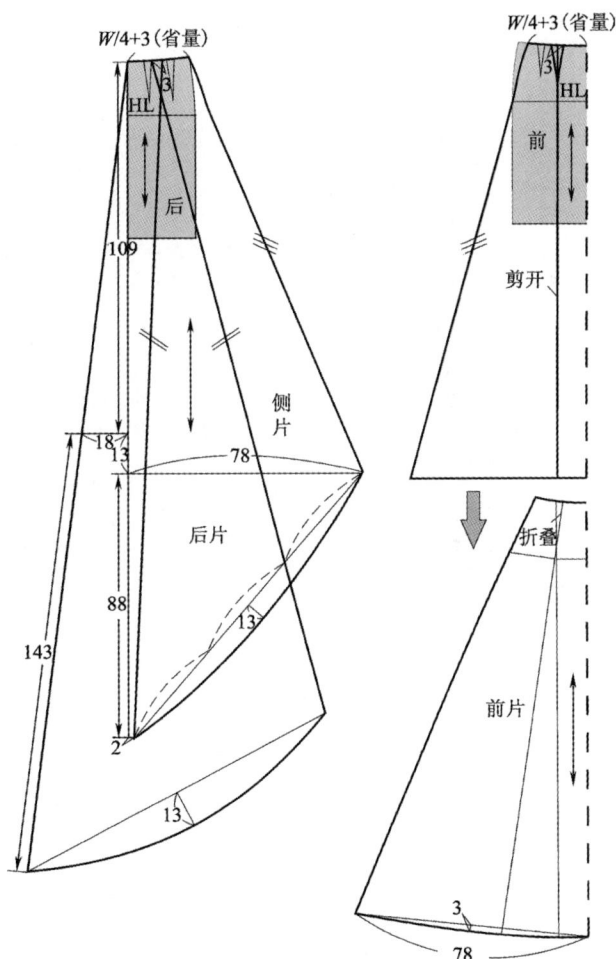

图3-48　中拖尾裙结构图

侧面的效果，结合立体裁剪法，调整造型与细部不适合的部分，直至满意为止，如图3-49所示。

(1) 正面

(2) 背面

(3) 侧面

图3-49 中拖尾裙立体效果

（四）拖尾缀层褶裙（Tail Decorated Gather Skirt）设计造型

1. 款式特点

本款礼服重点在拖尾部位上加层褶设计，使拖尾增加了层次感、韵律感、律动感，具有较强的视觉效果。裙子前部简洁合体，后拖尾波浪起伏，是拖尾部分变化的例子，适合婚礼等正式场合选用，如图3-50所示。

2. 学习要点

学习独立拖尾的结构与设计方法，掌握层褶设计技巧，掌握立体试衣与修正方法。

3. 结构要点（图3-51）

（1）参考规格：腰围66cm，臀围88cm，裙长110cm，拖尾长45cm。

（2）前裙片：

①腰围大：$W/4+3cm$（腰省量）。

②臀围大：$H/4+2cm$（放松量）。

③摆围大：按臀围大收进2.5cm。

④开衩止点：臀围线下30cm。

（3）后裙片：

①腰围大：$W/4+3cm$（腰省量），注意后中线腰部收进1.5cm。

②臀围大：$H/4+2cm$（放松量）。

③摆围大：按臀围大收进2.5cm。

（4）拖尾部分：

①分割线：设有纵向分割线，距腰部2cm开始至底边。

②拖尾摆大：后中心下摆处加30cm，拖尾长度加45cm。分割线部分先在裙长线延伸

图3-50　拖尾缀层褶裙款式图

56cm，然后与臀围线下8cm处连辅助线，截取与分割线相等的长度。

③层褶位：共11层，后中心利用等分的方式确定其位置，分割线处的褶位有疏密变化，每层重叠3cm左右。

（5）细节调整：连接各部位曲线，注意接合部位（结构缝）等长、摆围曲线圆顺等，正确标注各裁片的纱向。

4. 立体修正

将绘制好的结构图加放缝份与折边，然后组合在一起。立体观察正面、侧面、背面的效果，结合立体裁剪法，调整造型与细部不适合的部分，直至满意为止，如图3-52所示。

（五）鱼尾型裙（Fish-tail Skirt）设计造型

1. 款式特点

本款礼服的重点是裙摆的收放设计，利用纵向分割线收膝围、放裙摆，使造型如鱼尾状。不仅衬托出女性腰臀的曲线美，还能够在行走中产生流动感、飘逸

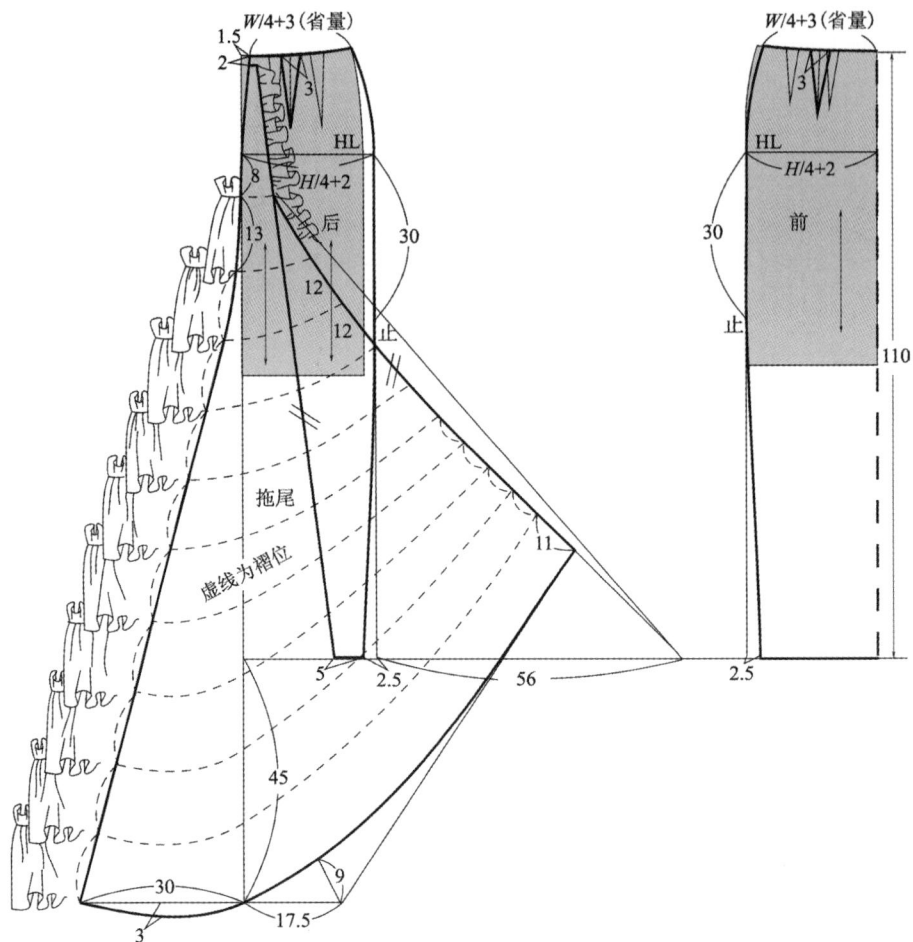

图 3-51 拖尾缀层褶裙结构图

(1) 正面

(2) 背面

(3) 侧面

图3-52 拖尾缀层褶裙立体效果

感。适合各种场合选用，如图 3-53 所示。

2. 学习要点

学习纵向分割鱼尾裙的结构设计方法，掌握收放的结构技巧，掌握立体试衣与修正方法。

3. 结构要点（图3-54）

（1）参考规格：腰围 66cm，臀围 88cm，裙长 146cm。

（2）前裙片由 5 片组成。

①腰围大：将 $W/4$ 分成 5 份，前中取 $W/4 \times 1/5$，前侧 1 与前侧 2 取 $W/4 \times 2/5$。

②臀围大：$H/4-1cm$（放松量），将其 5 等分，前中取 $H/4-1cm$ 的 1/5，前侧 1 与前侧 2 取 $H/4+1cm$ 的 2/5。

③膝围大：臀围线下 28cm 处确定为膝围线，按臀围大收进 5cm。

图3-53 鱼尾型裙款式图

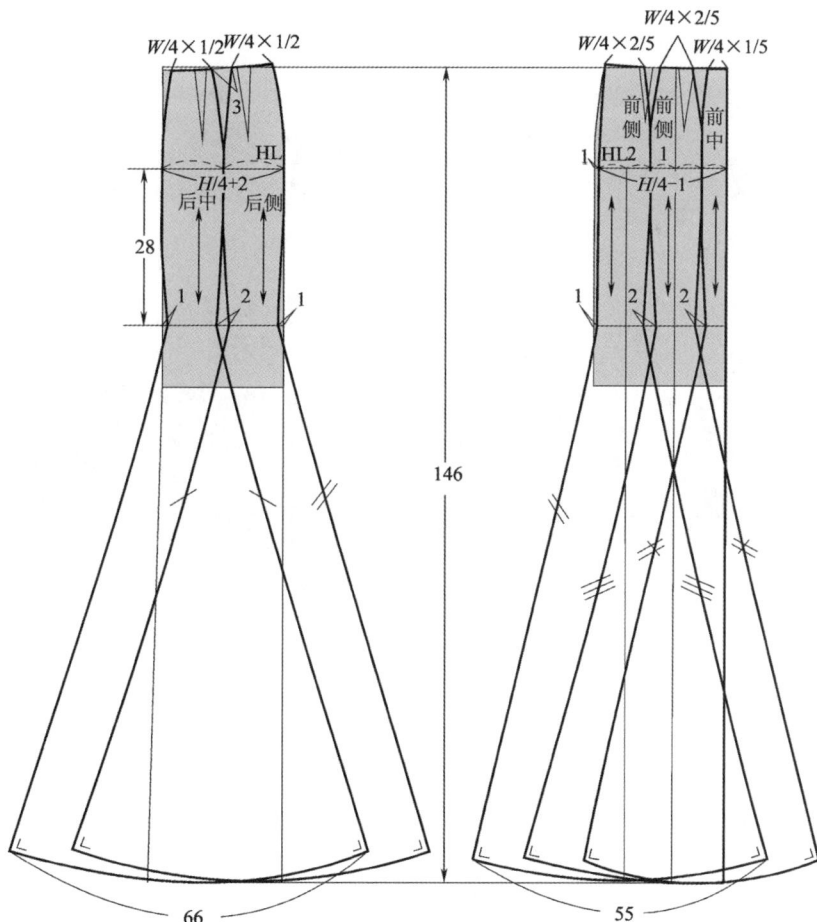

图3-54 鱼尾型裙结构图

④摆围大：前中下摆大 27.5cm，前侧 1 与前侧 2 每片下摆大 55cm，注意对称加放。下摆两端呈直角，才能使其连接时圆顺。

（3）后裙片：由 4 片组成。

①腰围大：将 W/4 分成 2 等份，后中与后侧取 W/4 × 1/2，腰省去掉。

②臀围大：H/4+2cm（放松量），将其 2 等分，后中与后侧取 H/4+2cm 的 1/2。

③膝围大：臀围线下 28cm 处确定为膝围线，按臀围大收进 4cm。

④摆围大：后中与后侧每片下摆大 66cm，注意对称加放。下摆两端呈直角，才能使其连接时圆顺。

（4）细节调整：连接各部位曲线，注意接合部位（分割缝）等长、裙摆曲线连接圆顺等，正确标注各裁片的纱向。

4. **立体修正**

将绘制好的结构图加放缝份与折边，然后组合在一起。立体观察正面、侧面、背面的效果，结合立体裁剪法，调整造型与细部不适合的部分，直至满意为止，如图 3-55 所示。

(1) 正面　　　　　　　　(2) 侧面　　　　　　　　(3) 背面

图3-55　鱼尾型裙立体效果

第四章　婚礼服立体造型实例
Examples of Three-dimensional Form of Wedding Dress

　　婚礼服是新娘在婚礼上穿用的服装，造型设计多以 X 廓型或 A 廓型为主，即上身合体，下身利用裙撑夸张裙摆及裙裾，加大裙子的体积感、重量感。肩、胸、臂的充分展露，为华丽的首饰留下表现空间。传统婚礼服以白色系居多，突出新娘的圣洁、美丽与无瑕，而今也日渐流行浅粉、淡黄、天蓝、银灰等柔和色彩的婚礼服。婚礼服一般选择丝绸、缎、纱、蕾丝及带有浮雕效果的丝织品等面料，以及皮草、皮革、羽毛、亮片、珠子、人造花等装饰材料。运用多样化艺术表现手法和多元化时装流行要素设计的婚礼服，才能既体现时尚性、艺术性、独特性，又能充分展示新娘的华美与高贵。

第一节　鱼尾型婚礼服立体造型
Three-dimensional Form of Fish-tail Type Wedding Dress

一、款式分析

　　本款婚礼服胸、腰、臀合体，裙裾呈鱼尾状，其设计重点是与后背及拖尾相配的波浪饰边，使礼服增添了灵性与装饰性，在表现礼服不同特质的同时，给人留下了无限的遐想，如图 4-1 所示。

二、学习要点

　　体会化整为零的制作思路，掌握用一块面料制作波浪褶的方法，掌握亮钻的粘贴方法。

图4-1　鱼尾型婚礼服款式图

三、制作步骤

1. 材料准备（图4–2）

（1）白布：前中布长 32 cm、宽 20 cm；前侧布为长 28cm、宽 12cm 的布料两块；后侧布为长 25cm、宽 12cm 的布料两块；后中布为长 20 cm、宽 13 cm 的布料两块；前裙布为长 110cm、宽 38cm 的布料五块；后侧裙布为长 143cm、宽 52cm 的布料两块，后中裙布为长 150cm、宽 70cm 的布料两块。标记好基准线，如图 4–2（1）所示。

（2）面辅料：面料为 115cm 幅宽的缎料 3m，其中波浪饰边用料 1m。辅料为粉色大、中、小亮钻若干，胸垫两个。面料小样如图 4–2（2）所示。

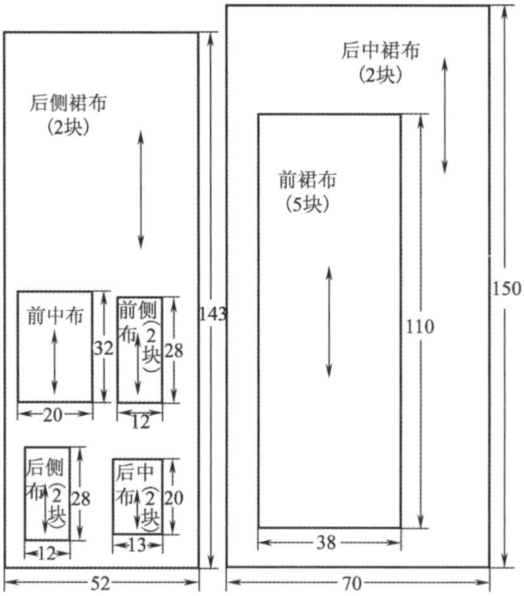

(1) 布料准备

(2) 面料小样

图4–2 鱼尾型婚礼服材料准备

2. 前后衣身造型（图4–3）

（1）标记前身设计线：按款式前中部是由一块布料制作，左右对称各两条设计线，如图 4–3（1）所示。

（2）标记侧身设计线：顺延前胸线，斟酌腋下的距离，如图 4–3（2）所示。

（3）标记后身设计线：顺延侧胸线，后腰部呈 V 字形，如图 4–3（3）所示。

（4）披前身布：将前中布对合人台上的前中线与胸围线，固定，如图 4–3（4）所示。

（5）制作前身：按设计线理顺布料，标记其轮廓形状，剪掉余料，如图 4–3（5）所示。

（6）披前侧布：前中、前侧衣身布料对合，调整其松量，并观察其形状，如图 4-3（6）所示。

（7）标记记号：因胸部曲线的起伏变化，在各分割线的胸腰等部位标记对合记号，要仔细做好这一环节，为其组合打好基础，如图 4-3（7）所示。

（8）披后身布：将后身的两块布料逐一披上，并与前侧布对合，要保持布料纱向与松量的平衡。预留出缝份，剪掉余料，如图 4-3（8）所示。

（9）衣身效果：将样衣展开成平面，使各曲线圆顺，确定样板结构。然后假缝试穿，观察整体效果，进行必要的调整，如图 4-3（9）、（10）所示。

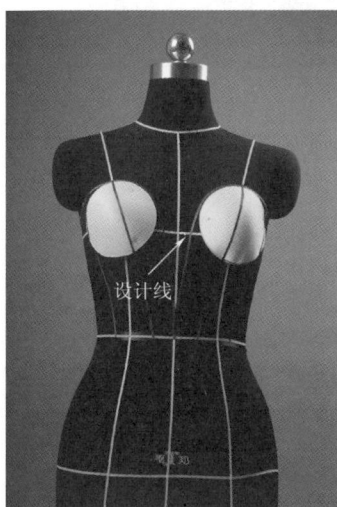

(1) 标记前身设计线

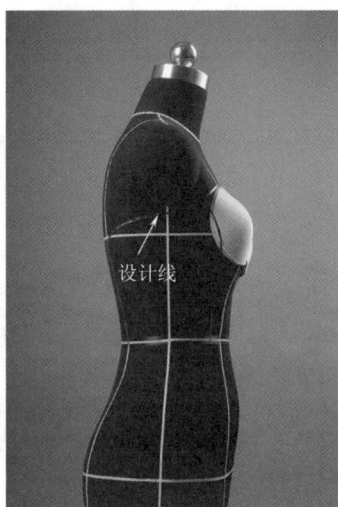

(2) 标记侧身设计线

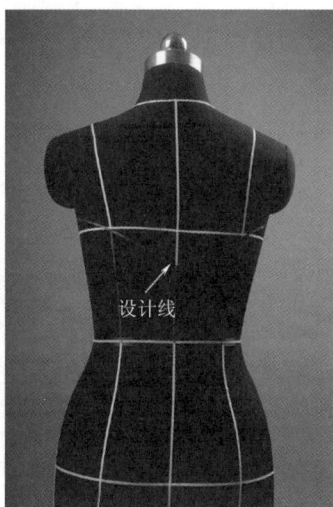

(3) 标记后身设计线

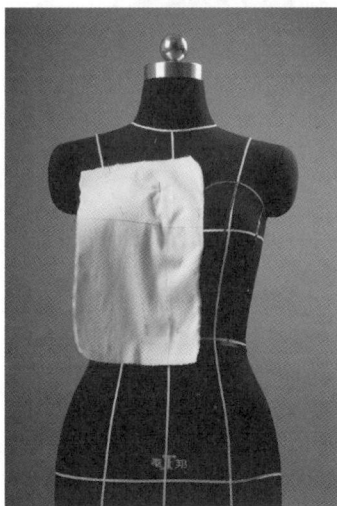

(4) 披前身片

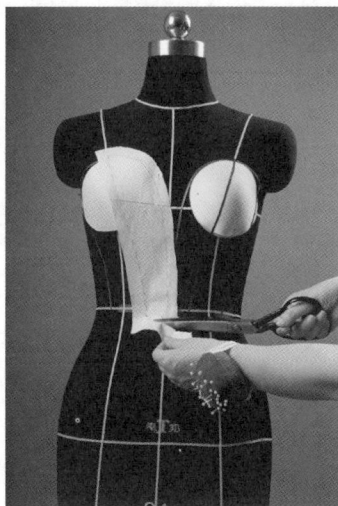

(5) 制作前身

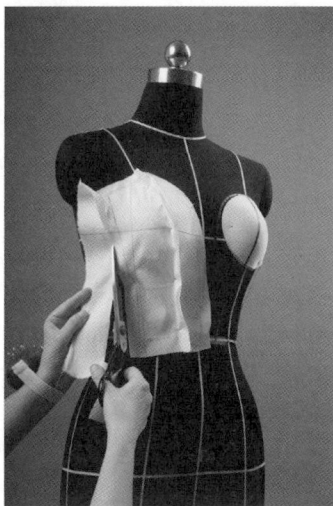

(6) 披前侧布

图4-3

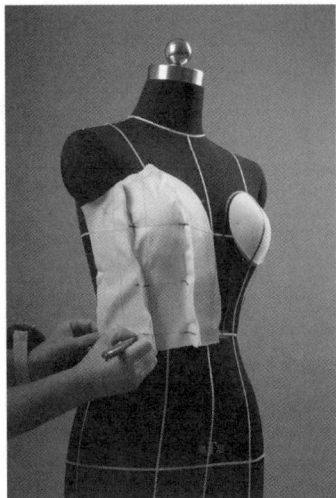
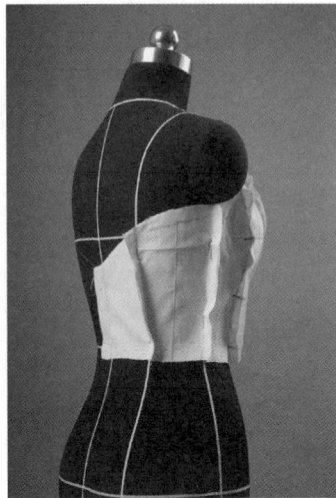

(7) 标记记号   (8) 披后身布

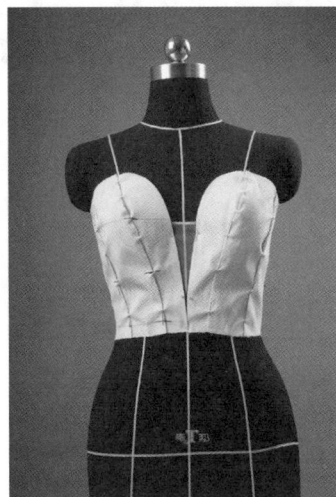
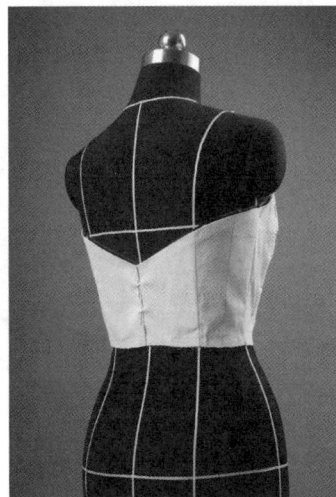

(9) 前身效果   (10) 后身效果

图4-3　鱼尾型婚礼服前后衣身造型

3. 前后裙子造型（图4-4）

（1）裙子制板：本款鱼尾裙型采用了竖向分割的方法，其结构设计详见第三章第四节（五）鱼尾型裙。

（2）裙子效果：将裙子按照结构图裁好，进行假缝，装于腰部，背部做V字形的接合，如图4-4（1）~（3）所示。

4. 波浪饰边造型（图4-5）

（1）披饰边布：因为该波浪饰边是用一块面料制作的（呈螺旋状），难度较大，所以用立体剪开放出法制作。先将波浪褶布按波浪褶的装饰位置确定长度，使其松紧适中，并固定好，如图4-5（1）所示。

(1) 正面效果　　　　　　　　(2) 侧面效果　　　　　　　　(3) 背面效果

图4-4　鱼尾型婚礼服前后裙子造型

（2）制作饰边：从波浪饰边的上端开始，将波浪饰边布的外端打若干个剪口，按照波纹形成的状态确定各剪口张开量的大小，然后用胶条逐一固定，同时胶条也起到波浪饰边外围线的标记作用，最后按其形状剪掉余料，如图 4-5（2）所示。

（3）制作饰边技巧：用打剪口、粘胶条、做标记的方法制作波浪饰边。尤其在波浪的转弯处要多打些剪口，还要打深，这样才能满足转弯时需要的布量，同时确定好饰边的宽度，如图 4-5（3）所示。

(1) 披饰边布　　　　　　　　(2) 制作饰边　　　　　　　　(3) 制作饰边技巧

图4-5

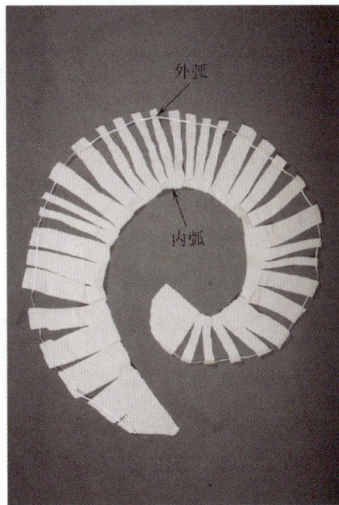

(4) 饰边效果　　　　　　　　　(5) 饰边轮廓

图4-5　鱼尾型婚礼服波浪饰边造型

（4）饰边效果：按以上方法一直操作到波浪饰边的底端。要反复斟酌，仔细体会其思路与原理，如图 4-5（4）所示。

（5）饰边轮廓：将制作好的波浪饰边布展开成平面，可清楚地观察其结构。波浪饰边的内弧与装饰部位的长度相等，外弧的大小则是通过上述方法制作并确定出来的，如图 4-5（5）所示。

5. **拓印样片**（图4-6）

（1）拓印前片：将前身样片与前裙样片组合一起，确定轮廓。加放缝份，制作样板，再拓印到面料上，如图 4-6（1）所示。

（2）拓印后片：将后身样片与后裙样片组合一起，确定轮廓。加放缝份，制作样板，再拓印到面料上，如图 4-6（2）所示。

（3）拓印波浪饰边：将波浪饰边各节点连接成圆顺的曲线，标记好对位点，再拓印到面料上，如图 4-6（3）所示。

6. **整体效果**（图4-7）

（1）图案设计：按照设计图案，将大小不同的亮钻摆放在塑料底片上，由于亮钻较小需要用镊子帮助摆放，如图 4-7（1）所示。

（2）粘烫亮钻：由烫钻拼接成的图案粘在背胶纸上形成烫图，最后用熨斗烫压在前胸上，烫好后将背胶纸揭去即可，如图 4-7（2）所示。

（3）整体效果：分别从正面、侧面、背面观察其整体效果，调整不合适的部分，直至满意为止，如图 4-7（3）~（5）所示。

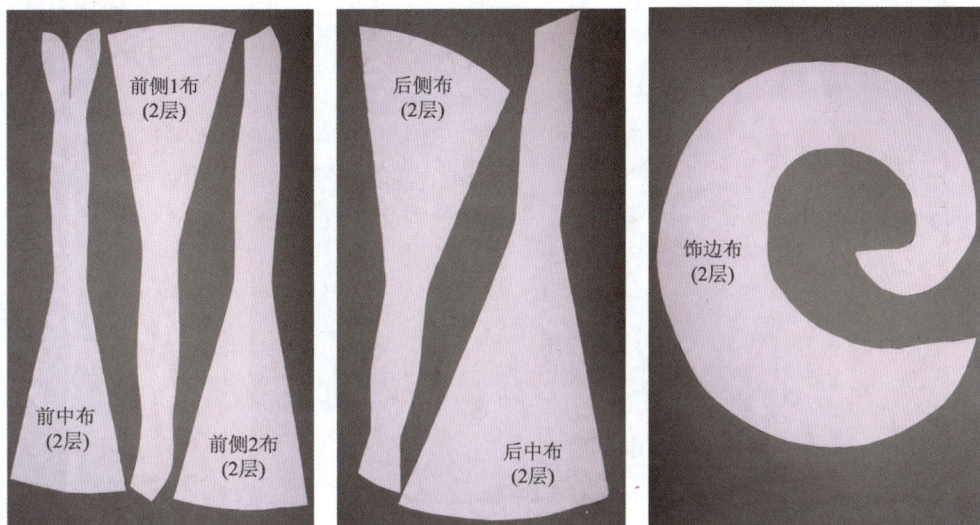

| (1) 拓印前片 | (2) 拓印后片 | (3) 拓印波浪饰边 |

图4-6　鱼尾型婚礼服拓印裙片

(1) 图案设计

(2) 粘烫亮钻

图4-7

(3) 正面效果   (4) 侧面效果   (5) 背面效果

图4-7 鱼尾型婚礼服整体效果

第二节 钟型婚礼服立体造型
Three-dimensional Form of Campaniform Type Wedding Dress

一、款式分析

本款婚礼服呈钟型廓型，上身为合体抹胸，下身为拖地长裙。在缎子裙外层罩一层透明纱，裙身丰满、朦胧又神秘；从腰线开始采用立体堆褶的装饰手法突出廓型设计。本款礼服具有强烈的古典美，雍容华丽、高贵典雅，为近年深受新娘欢迎的款式之一，如图4-8所示。

二、学习要点

学习钟型裙造型方法，掌握裙子结构，掌握装饰褶纹的制作方法及对装饰美感的把握。

三、制作步骤

1. 材料准备（图4-9）

（1）面料：前中布长31cm、宽20cm；前侧

图4-8 钟型婚礼服款式图

布为长 30cm、宽 18cm 的布料两块；后侧布为长 21cm、宽 16cm 的布料两块；后中布为长 19cm、宽 14cm 的布料两块。标记好基准线，如图 4-9（1）所示。

（2）面辅料：其中面料为 150cm 幅宽的红缎，用料 8.5m。辅料为 150cm 幅宽的软纱，用料 5.2m；150cm 幅宽的红里布，用料 1.4m；150cm 幅宽的硬纱，用料 0.7m；三层钢圈裙撑一个、胸垫两个。面料小样如图 4-9（2）所示。

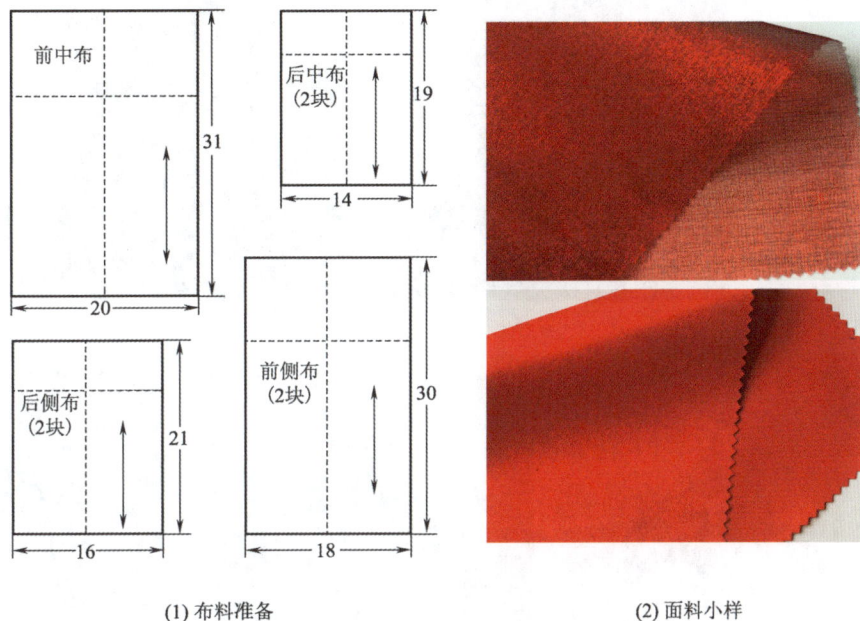

(1) 布料准备　　　　　　　　　　　(2) 面料小样

图4-9　钟型婚礼服材料准备

2. 前后衣身造型（图4-10）

（1）标记前身设计线：在人台上加胸垫，按款式标记设计线，腰部呈 V 字形，如图 4-10（1）所示。

（2）标记后身设计线：顺延前身设计线至后背，后腰部呈一字形，如图 4-10（2）所示。

（3）披前身布：将前身布料对合人台的前中线与胸围线，固定。为方便起见，将前中布与前侧布合为一体，按胸、腰部造型将多余布料做省，并连省成公主线，如图 4-10（3）所示。

（4）标记轮廓：标记前身的轮廓线，预留出缝份，剪掉余料，如图 4-10（4）所示。

（5）披后身布：用与前身同样的方法披后身布，获取轮廓形状，并与前片布料对合，观察其形状，调整前后身的松量保持平衡，如图 4-10（5）所示。

3. 前后裙子制作（图4-11）

（1）放裙撑：将三层钢圈双层纱的裙撑装在人台上固定好，如图 4-11（1）所示。

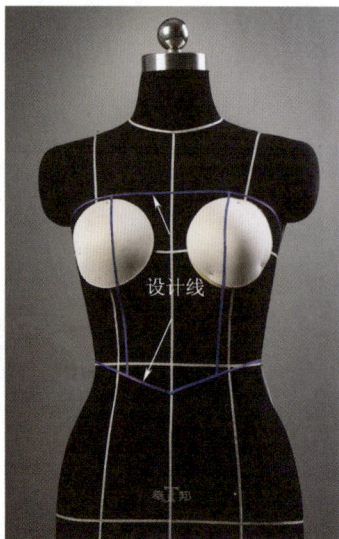 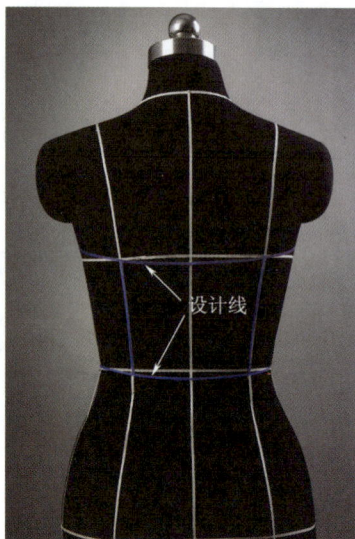

(1) 标记前身设计线   (2) 标记后身设计线

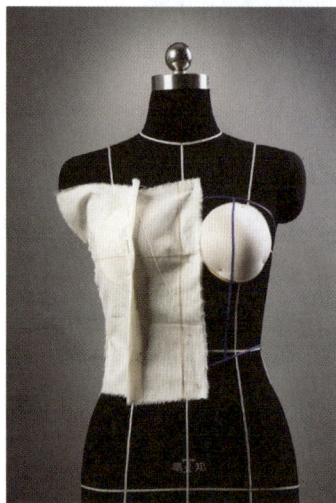 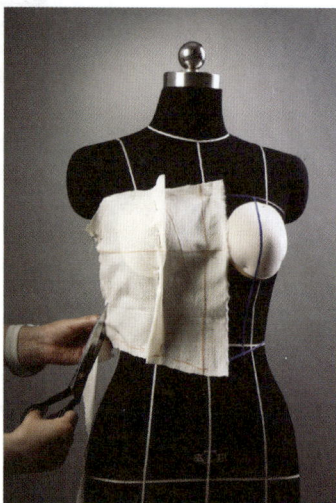 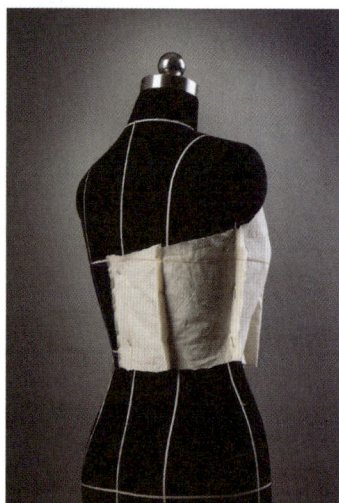

(3) 披前身布   (4) 标记轮廓   (5) 披后身布

图4-10　钟型婚礼服前后衣身造型

　　（2）调整裙撑：因本款裙子为钟型造型，所以将现有裙撑进行调整，将硬纱折叠，缩缝其一端，然后将缝线抽紧至腰部大小，装于腰部固定，如图4-11（2）所示。

　　（3）裙子样板：因为要突出腰部，故前后裙腰处要加褶量40cm左右，侧面裙腰加100cm左右的褶量，整个裙摆的一半达246cm。为了节省布料，前后裙摆宽度为150cm（一个幅宽），剩下的为侧面的宽度。纱裙布料采用透明纱材料，因其在最外层，所以裙摆宽度要比裙子宽，纱裙摆一半的宽度为290cm，其结构如图4-11（3）所示。

（4）制作裙子：将前后裙子按照结构图裁好，缝合裙摆，并在腰部缩缝后，将缝合的底线抽紧至腰围大小，使腰部呈皱褶状，如图4-11（4）所示。

（5）装裙子：将制作好的裙子装于人台上，在腰部固定，调整裙腰褶的疏密大小及裙身褶纹的均匀程度，如图4-11（5）所示。

（6）制作纱裙：制作方法同裙子，并装上纱裙，观察其效果，调整腰褶使其均匀，如图4-11（6）所示。

(1) 放裙撑

(2) 调整裙撑

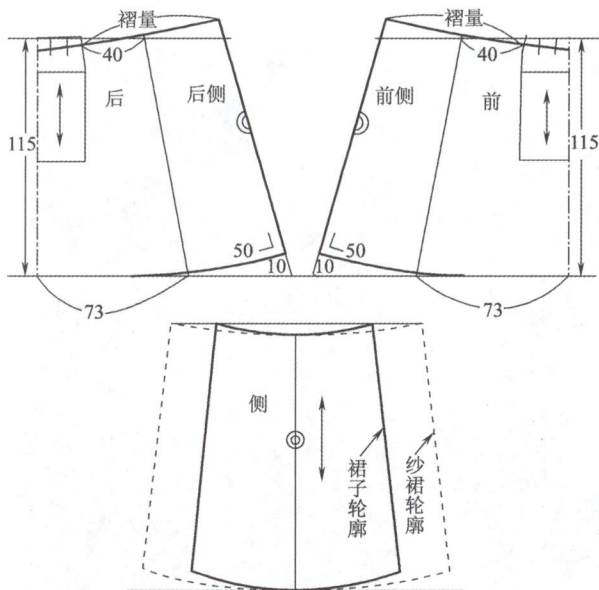

(3) 裙子样板

(4) 制作裙子

图4-11

（5）装裙子　　　　　　　　　　　（6）制作纱裙

图4-11　钟型婚礼服前后裙子制作

4. 腰部褶饰制作（图4-12）

（1）褶饰底布：将薄缎披到人台上，在腰部制作褶以满足腰部造型的需要，下摆按裙子轮廓剪成左右不对称的式样（左50cm、右40cm），使礼服更生动，如图4-12（1）所示。

（2）披褶饰布：堆褶布料采用与前裙相同的布料，在腰部抽必要的皱褶，褶布呈扇形，为制作褶纹做准备，如图4-12（2）所示。

（1）褶饰底布　　　　　　　　　　　（2）披褶饰布

图4-12

（3）制作褶纹　　　　　　　　　　　（4）褶纹效果

（5）褶饰边缘　　　　　　（6）褶饰边缘缝合　　　　　　（7）褶纹整体效果

图4-12　钟型婚礼服腰部褶饰制作

（3）制作褶纹：用堆褶的方式，从腰部开始向下堆，褶纹自然膨起，将褶纹固定在底布上，如图 4-12（3）所示。

（4）褶纹效果：继续制作褶纹，注意褶纹的疏密程度与效果，如图 4-12（4）所示。

（5）褶饰边缘：将边缘缩缝抽皱褶，其长度与底布下摆长度相同，如图 4-12（5）所示。

（6）褶饰边缘缝合：将褶饰边缘与底布边缘缝合，两者固定且做净，如图 4-12（6）所示。

（7）褶纹整体效果：调整褶纹至满意为止，如图 4-12（7）所示。后身方法同前，从略。

5. 整体效果与展开（图4-13）

（1）衣身假缝：将取下的前后样衣展开成平面，使曲线圆顺。然后将样衣轮廓拓印到面料上，假缝后穿在人台上。在胸前缀装饰胸花，边缘装饰小花卉呼应，如图 4-13（1）所示。

（2）整体效果：观察整体效果，注意上下身与腰部褶饰的衔接，调整至满意为止，如图 4-13（2）~（4）所示。

（3）样板结构：将样衣展开成平面，使各曲线圆顺，修剪缝份，制作样板结构（裙子结构图不在其内），如图 4-13（5）所示。

(1) 衣身假缝

(2) 正面效果

(3) 侧面效果

(4) 背面效果

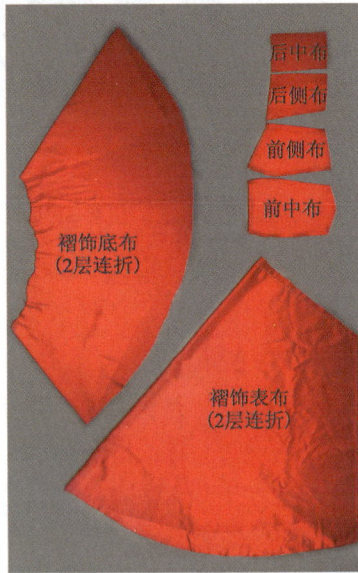

(5) 样板结构

图4-13　钟型婚礼服整体效果与展开

第三节 中拖尾婚礼服立体造型
Three–dimensional Form of Mid–Long Tail Wedding Dress

一、款式分析

本款婚礼服采用胸部叠褶设计，配以曲线装饰边和蝴蝶结；腰部设计V形低腰线，衬托出腰部的纤细；左右裙身侧面各设置一个较大的装饰花卉，增加其体积感、生动感；在后拖尾上装饰递增的五层皱褶，并配以大量的花边，雍容华丽、高贵典雅。本款婚礼服是近几年最受新娘欢迎、市场销量最好的款式之一，如图4-14所示。

二、学习要点

掌握面料、衬料的搭配及人台的补正方法，掌握堆褶、叠褶、抽褶的装饰手法及各种褶纹所呈现的不同视觉效果，掌握拖尾裙的制作方法。

图4-14 中拖尾婚礼服款式图

三、制作步骤

1.材料准备（图4-15）

（1）面料：前中底布长38cm、宽22cm；前侧底布为长32cm、宽17cm的布料两块；后背底布为长25cm、宽22cm的布料两块；胸部表布长35cm、宽30cm；胸下表布长42cm、宽38cm；胸饰带布长45cm、宽40cm；第一层褶布为长、宽均为40cm的布料两块；第二层褶布为长、宽均为55cm的布料两块；第三层褶布为长、宽均为75cm的布料两块；第四层褶布为长、宽均为85cm的布料两块；第五层褶布为长150cm、宽100cm的布料两块（裙布、花饰布不包括在内）。标记好基准线，如图4-15（1）所示。

（2）面辅料：面料为150cm幅宽的白缎，用料5.5m；150cm幅宽的花纱，用料7m（包括花边）。辅料为软纱5m。衬料为三层钢圈拖尾裙撑一个、胸垫两个。面料小样如图4-15（2）所示。

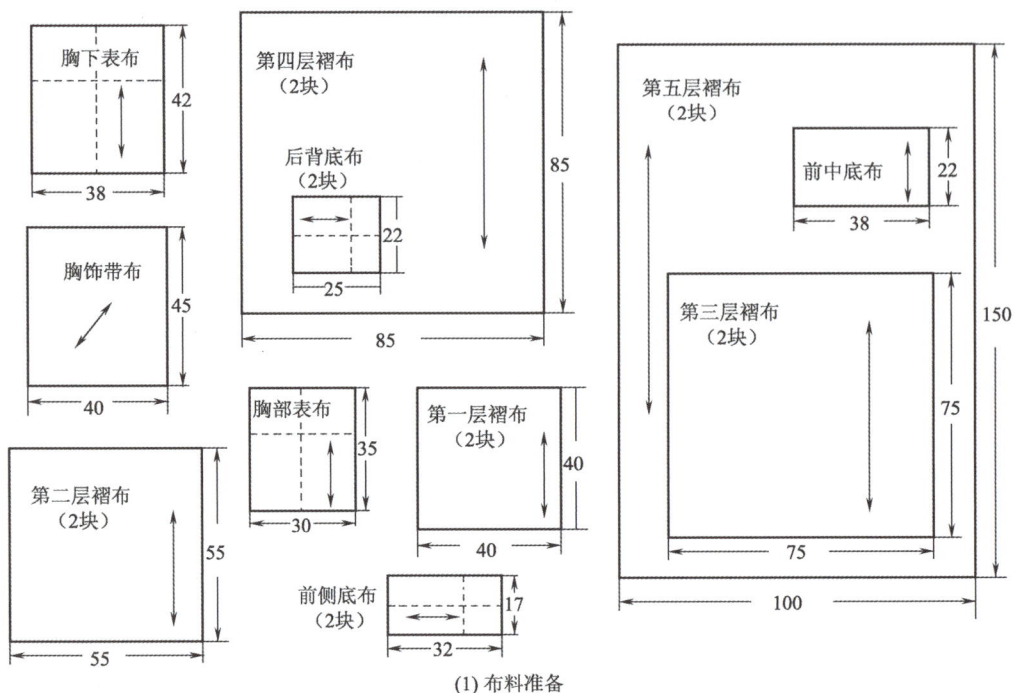

胸下表布
42
38

第四层褶布
（2块）
85

后背底布
（2块）
22
25

85

第五层褶布
（2块）

前中底布
22
38

150

第三层褶布
（2块）
75
75
100

胸饰带布
45
40

第二层褶布
（2块）
55
55

胸部表布
35
30

第一层褶布
（2块）
40
40

前侧底布
（2块）
17
32

(1) 布料准备

(2) 面料小样

图4-15　中拖尾婚礼服材料准备

2. 人台补正（图4-16）

（1）加胸垫：为了强调胸部造型，突出胸部的丰满，用棉花或蓬松棉等做填充材料，以增加胸部的高度（或直接用厚胸垫），因本例使用的胸垫较薄，所以与填充材料结合起来使用，如图4-16（1）所示。

（2）加腰垫：胸部加垫后，腰部也要随之加大，利用斜纱棉布，将腰部缠绕加厚，内层可以窄些，外层加宽，如图4-16（2）所示。

（3）加裙撑：使用拖尾式裙撑（分三层，逐渐加大，尤其是裙后部具有明显的拖尾效果），然后在补正好的人台上重新标记好被覆盖的基准线。加裙撑后效果如图4-16（3）~（5）所示。

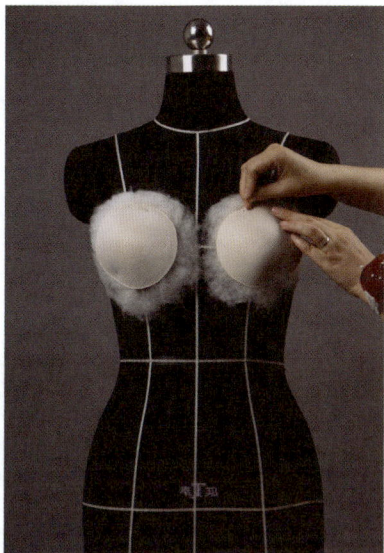

(1) 加胸垫   (2) 加腰垫

(3) 裙撑正面   (4) 裙撑侧面   (5) 裙撑背面

图4-16 中拖尾婚礼服的人台补正

3. 前后身底层造型（图4-17）

（1）标记前身设计线：按款式标记设计线，抹胸、低腰呈 V 字形，如图 4-17（1）所示。

（2）标记后身设计线：顺延胸围线，后腰部也呈 V 字形，如图 4-17（2）所示。

（3）披前身底布：将前中底布对合前中线与胸围线并固定，按设计线加放缝份，剪掉余料。同样的方法披前侧底布，注意布料的经纬纱向互相垂直，并与前中底布对合、别好，如图 4-17（3）所示。

（4）披后身底布：用与前身同样的方法制作，获取轮廓的形状，如图4-17（4）所示。

（5）前后衣身对合：将前后侧面的布料对合，并观察其形状，调整前后身的松量，如图4-17（5）所示。

（6）衣身底布假缝：为了不影响外层效果，先把样衣取下，展开成平面，圆顺各曲线，扣烫缝份后假缝，并穿于人台上，观察效果，调整不适合之处至满意为止，如图4-17（6）、（7）所示。

(1) 标记前身设计线

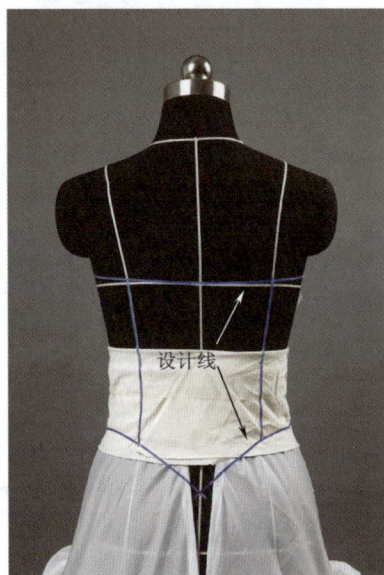

(2) 标记后身设计线

(3) 披前身底布

(4) 披后身底布

图4-17

(5) 前后衣身对合　　　　　　　(6) 衣身底布假缝正面效果　　　　　(7) 衣身底布假缝背面效果

图4-17　中拖尾婚礼服前后身底层造型

4. 前后身表层造型（图4-18）

（1）标记胸部装饰线：婚礼服胸部的设计是重点中的重点，设计师们为此绞尽脑汁，采用各种表现手法。因此，我们在设计胸部造型时，要体现胸部的圆浑丰满，使其优美诱人，如图 4-18（1）所示。

（2）披胸部表布：胸部表布使用透明纱料制作，造型手法采用叠褶设计，如图 4-18（2）所示。

（3）制作皱褶：逐一制作叠褶，乳沟处装饰小珠片，既增加华丽感，又起到固定作用，如图 4-18（3）所示。

(1) 标记胸部装饰线　　　　　　　(2) 披胸部表布　　　　　　　　(3) 制作皱褶

图4-18

(4) 披胸下表布　　　　　　　　　(5) 披胸饰带布

(6) 制作胸饰带　　　　　　　　　(7) 缀蝴蝶结

图4-18　中拖尾婚礼服前后身表层造型

　　（4）披胸下表布：使用与前裙相同纱料制作，整体呼应。注意在胸部设计线处预留的缝份不宜过多，如图 4-18（4）所示。

　　（5）披胸饰带布：饰带既要与胸下表布区别，又要与上下衔接，所以采用有光泽的丝绸面料制作。纱向与底布的纱向相同，如图 4-18（5）所示。

　　（6）制作胸饰带：从设计线底部开始固定，不断抚平布料，逐渐剪开固定，使布料向中心转移，这点很关键。在胸部两侧上端各装一个蝴蝶结，因此要预留12cm（双层）的布量，如图 4-18（6）所示。

　　（7）缀蝴蝶结：如图 4-18（7）所示，在三处用蝴蝶结装饰，整体效果便显现出来。

5. 前后裙子造型（图4-19）

（1）裙子制板：因为裙子的腰部没有皱褶，整体呈圆台型造型，所以采取斜裙的裁法，其结构参考第三章第四节中拖尾裙。

（2）装裙子：将裙子按照结构图裁好假缝，装于腰部，并在腰部做 V 字形的接合，如图 4-19（1）所示。

（3）裙子前身效果：前中与侧缝用白纱、带有闪光的花纱制作。为了突出裙子的膨起效果，可以在里面再装两层软纱，如图 4-19（2）所示。

（4）裙子后身制作：后身用白里布制作，并修正整个下摆使之圆顺，同时标记五层装饰皱褶的设计线，如图 4-19（3）所示。

| (1) 装裙子 | (2) 裙子前身效果 | (3) 裙子后身制作 |

图4-19　中拖尾婚礼服前后裙子造型

6. 后裙装饰皱褶制作（图4-20）

（1）披第一层抽褶布料：表层布料采用白纱，内衬一层硬纱或三层软纱才能使皱褶挺括、明显。用波浪褶的裁法制作，使下摆处有足够的布量。按设计线确定下摆线与两侧的边线，然后剪掉余料，如图 4-20（1）所示。

（2）皱褶制作：将裙摆边缘拱缝后抽紧，形成自然皱褶，其长度正好与对应的边长相等，如图 4-20（2）所示。

（3）加饰花边：为增加花边的硬挺度，在花边下面加一层或两层软纱。将花边与软纱一起缉缝，并抽紧，然后与缩缝后抽褶布边的缝份缝合。这种组合增添了较强的视觉冲击力，衬托出新娘的光彩照人，如图 4-20（3）所示。

（4）后四层皱褶制作：下面四层皱褶可以按照与第一层同样的原理与方法（或采用平面展开放出法）确定其形状，再把每层皱褶制作好（缩缝、抽褶、加花边等），然后再缝合到裙子上面。注意每层需要与上一层搭接 6.5~8cm，且左右两边也要固定在后裙侧缝上，以保持皱褶的稳定性，如图 4-20（4）所示。

（5）装饰效果：将五层装饰皱褶制作完成后整理褶纹，由上至下呈递增的装饰皱纹不仅增加了装饰面积与体积，而且具有很强的层次感、律动感，装饰效果显著提升，如图 4-20（5）所示。

（1）披第一层抽褶布料　　　　　（2）第一层皱褶制作　　　　　（3）加饰花边

（4）后四层皱褶制作　　　　　（5）装饰效果

图4-20　中拖尾婚礼服后裙装饰皱褶制作

7. 侧面花卉制作（图4-21）

（1）粗裁花卉布：堆褶布料采用与前裙相同的布料，并且在里面加一层硬纱，使其挺括。然后粗裁，两侧的堆褶呈多边形，其结构如图4-21（1）所示。

（2）制作花卉：腰上部固定，然后用堆褶的方式逐渐堆起，褶纹自然膨起，形成花卉状，一般抽褶后花卉大小约 80cm 即可，如图 4-21（2）所示。

（3）缀小花卉：在做好的花卉上，再缀两个小花卉（由环状花饰与蝴蝶结组成），且也有软纱附在下面，如图 4-21（3）所示。

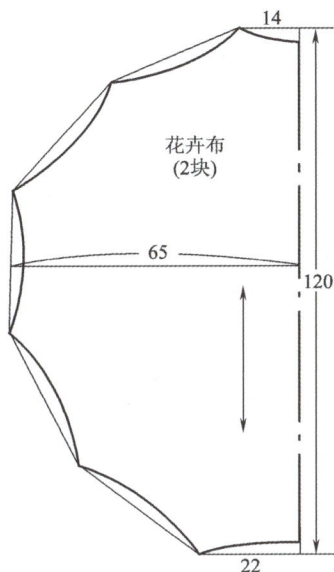

(1) 粗裁花卉布　　　　　　　(2) 制作花卉　　　　　　　(3) 缀小花卉

图4-21　中拖尾婚礼服侧面花卉制作

8. 整体效果与样板结构（图4-22）

（1）整体效果：分别从正面、侧面、背面观察其整体效果，调整不合适的部分，直至满意为止，如图 4-22（1）~（3）所示。

(1) 正面效果　　　　　　　　　　(2) 侧面效果

图4-22

(3) 背面效果

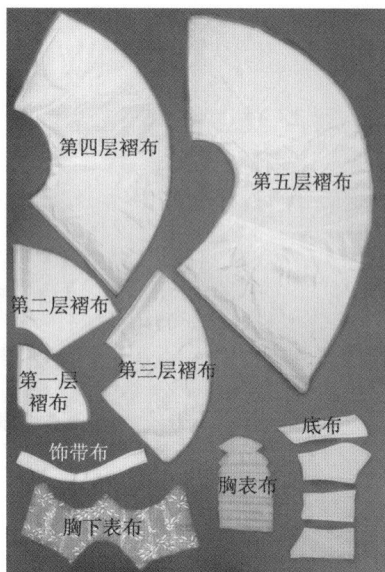

(4) 样板结构

图4-22　中拖尾婚礼服整体效果与样板结构

（2）样板结构：将样衣展开成平面，圆顺各曲线，修剪缝份，做出其样板结构（裙子、花卉结构图不在其内），如图 4-22（4）所示。

第五章　晚礼服立体造型实例
Examples of Three-dimensional Form of Evening Dress

　　晚礼服又称夜礼服、晚宴服、舞会服。晚礼服是以夜晚交际为目的，营造、迎合夜晚奢华、热烈的气氛，目前已成为现代人生活服饰中重要的一部分。其款式多以袒胸露背、裸肩、无袖、长裙为特点，常以褶饰设计、立体花、打结、扎系等形式营造高雅不凡的气势，尽情表现女性魅力。晚礼服多选用丝绸、天鹅绒、透明蕾丝、锦缎、绉纱、塔夫绸、欧根纱、金银压膜等闪光飘逸的面料或者真皮、皮革以及一些高科技材料等作为面料。晚礼服的色彩倾向于高贵、豪华，如印度红、宝石绿、玫瑰紫、黑、白等色最为常用，再配以各种珍珠、亮片、刺绣、镶嵌宝石、人工钻石等装饰，充分体现出晚礼服的雍容奢华、靓丽浪漫。

第一节　鱼尾型晚礼服立体造型
Three-dimensional Form of Fish-tail Type Evening Dress

一、款式分析

　　本款为中西式结合的晚礼服，胸、腰、臀、膝合体，裙身抽褶设计，三节褶裙与贴体裙身形成鱼尾状。并将中国元素融入到礼服设计中，在胸背部设计绳盘花卉，立体展示了中国传统的盘花工艺。裙摆配以花边设计，体现了礼服细节的精致。又在领、腰部配以带状合金饰品，使现代元素与传统元素得以完美的结合，整体效果完整美观，如图5-1所示。

二、学习要点

　　掌握鱼尾型晚礼服的造型方法及盘花工艺，裙身抽褶的制作与运用，裙摆的设计造型。

图5-1　鱼尾型晚礼服款式图

三、制作步骤

1. 材料准备（图5-2）

（1）白布：前领布长24cm、宽17cm；后领布长15cm、宽8cm；前胸布长48cm、宽30cm；后背布长39cm、宽22cm；前腰布长35cm、宽11cm；后腰布长39cm、宽15cm；内中裙布为长50cm、宽48cm的布料两块；内下裙布为长75cm、宽66cm的布料两块；表下裙布第一层用料长180cm、宽40cm，第二层用料长220cm、宽25cm，第三层用料长280cm、宽25cm；滚条布长500cm、宽5cm。标记好基准线，如图5-2（1）所示。

（2）面辅料：其中面料为150cm幅宽的蓝缎，用料8.5m。辅料为150cm幅宽的蓝绿里布，用料1.4m；胸垫两个；绳长500cm；亮片若干；裙摆花边7m；装饰花边1.1m（合金饰品）。面料小样如图5-2（2）所示。

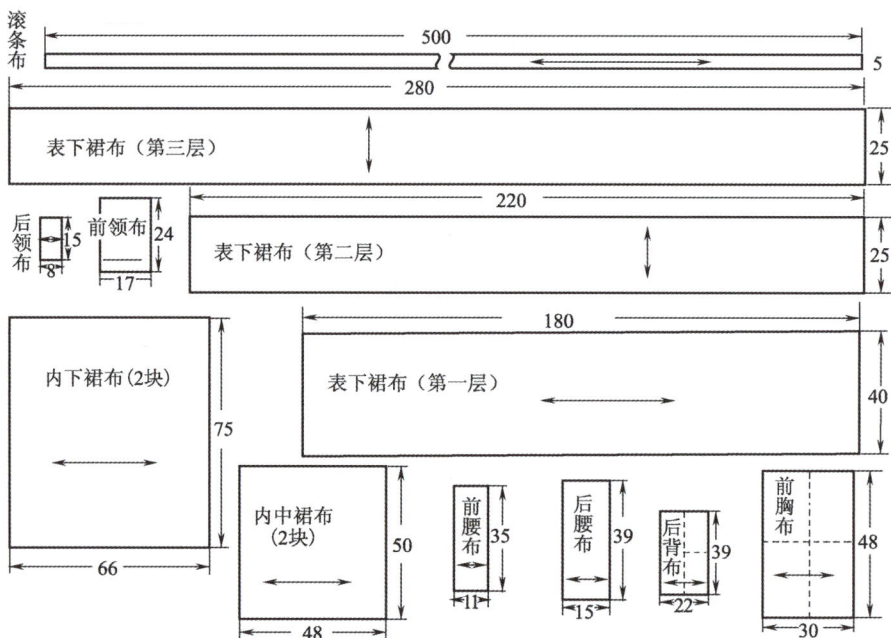

(1) 布料准备

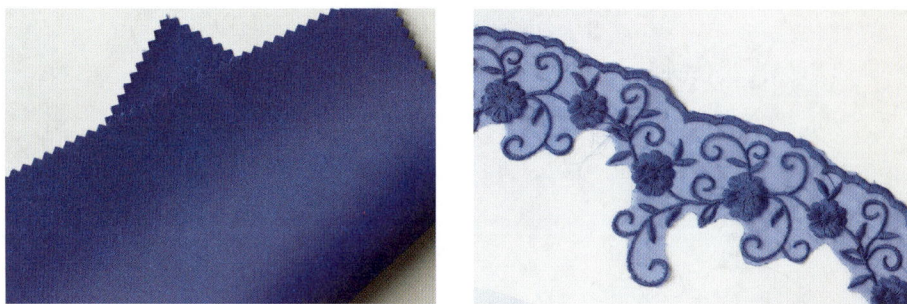

(2) 面料小样

图5-2　鱼尾型晚礼服材料准备

2. 前后内裙造型（图5-3）

（1）标记前身设计线：先将人台加长，膝部逐渐收拢，然后按款式标记前领口线、胸线、腰线，如图 5-3（1）所示。

（2）标记后身设计线：按款式标记后领口线、背线、腰线，注意前后各线条的衔接与整体平衡，如图 5-3（2）所示。

（3）制作前内裙：按腰、臀、膝的形状先从侧缝收拢，然后将腰部余量收腰省，膝部余量收下摆，以符合人体曲线及造型需要，如图 5-3（3）所示。

（4）制作后内裙：方法同前内裙，如图 5-3（4）所示。

（5）制作内裙下摆：按鱼尾型的造型思路考虑，做成上小下大型，并与内裙接合，如图 5-3（5）、（6）所示。

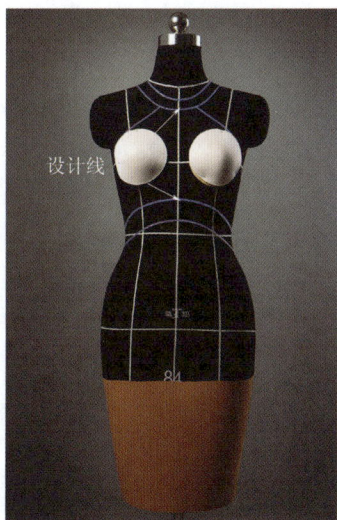

(1) 标记前身设计线

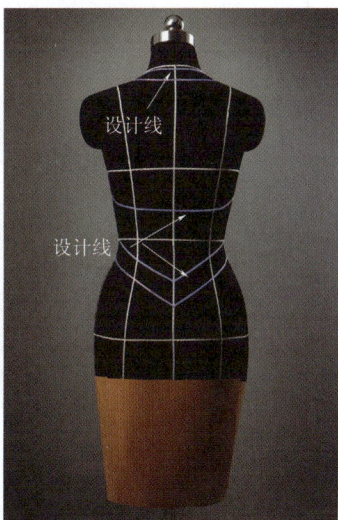

(2) 标记后身设计线

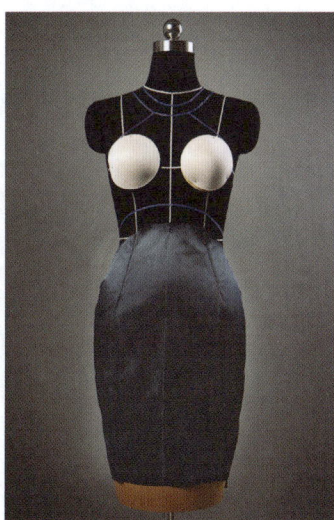

(3) 制作前内裙

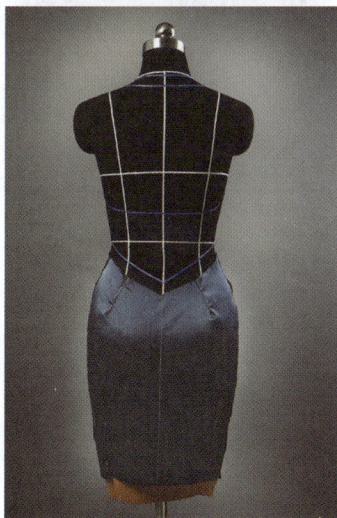

(4) 制作后内裙

(5) 内裙下摆正面

(6) 内裙下摆背面

图5-3　鱼尾型晚礼服前后内裙造型

3. 前后衣身造型（图5-4）

（1）披前领布：对合前中线并固定。因领子呈双曲面形状，上端加大了造型的难度，所以布料在铺不平时采用打剪口的方法，先在前中线处上端打剪口，如图 5-4（1）所示。

（2）制作领口：将布料逐渐向后理顺，一边标记一边打剪口，最后确定领口形状，如图 5-4（2）所示。

（3）披前身布：将前胸布对合前中线与胸围线，固定，如图 5-4（3）所示。

（4）制作前胸：在胸围线上方与下方做胸省，胸省上下相对，突出胸部造型，如图 5-4（4）所示。

（5）制作前腰：按设计线理顺腰部布料，标记其轮廓形状，剪掉余料，如图 5-4（5）所示。

（6）制作后身：后领口、后背、后腰的制作方法同前身。前后相关部位布料对合，调整其松量，并观察其形状，调整不适合之处，如图 5-4（6）所示。

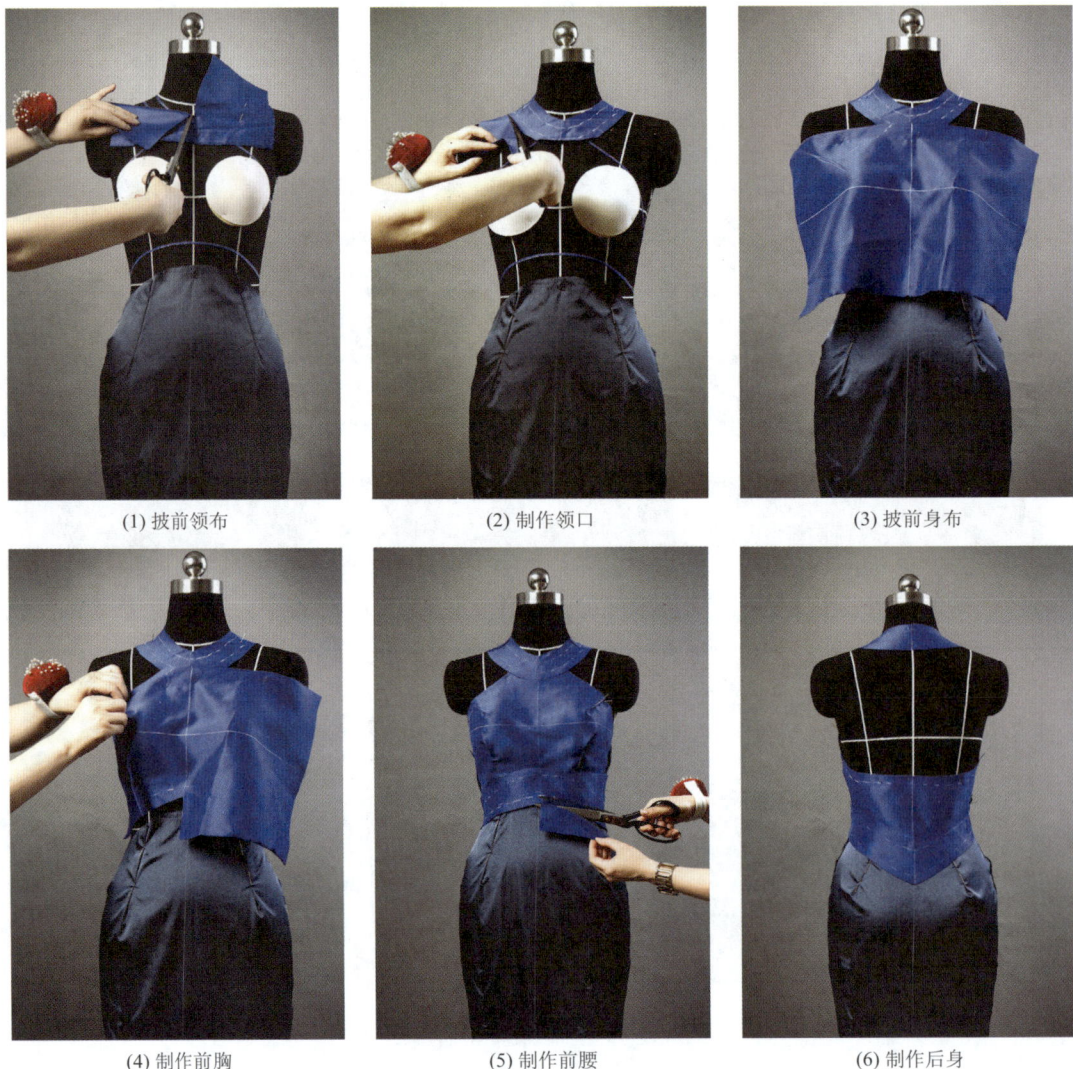

(1) 披前领布	(2) 制作领口	(3) 披前身布
(4) 制作前胸	(5) 制作前腰	(6) 制作后身

图5-4　鱼尾型晚礼服前后衣身造型

4. 前后表裙造型（图5-5）

（1）制作前表裙：将裙布粗裁后（按其长度的2倍左右），在裙布宽度两侧沿边进行拱缝，针距大小可不同，使抽出的褶纹富有变化，如图5-5（1）所示。

（2）披前表裙布：披前表裙布并固定，按腰围对接处裁好腰部形状，然后按侧缝的长度抽缩拱缝线，如图5-5（2）所示。

（3）制作表裙皱褶：调整侧缝褶纹，调整好一处在侧缝固定一处（即缝在内裙上），为使其平衡，左右两侧要同时进行，如图5-5（3）所示。

（4）整理表裙皱褶：逐步向下调整裙身皱褶，一边调整一边固定，如图5-5（4）所示。

（5）确定表裙轮廓：按侧缝线确定前表裙轮廓，剪掉余料，如图5-5（5）所示。

（6）制作后表裙：方法与前表裙相同。在侧缝处对合，整理与调整不适合之处，达到美观、适体、褶纹自然、生动的效果，如图5-5（6）所示。

(1) 制作前表裙

(2) 披前表裙布

(3) 制作表裙皱褶

(4) 整理表裙皱褶

(5) 确定表裙轮廓

(6) 制作后表裙

图5-5　鱼尾型晚礼服前后表裙造型

5. **表裙下摆造型**（图5-6）

（1）标记饰边线：按款式在内裙下摆标记饰边设计线，共三条，其中第一条在与表裙的接合处，要把握好各边长的比例关系，如图5-6（1）所示。

（2）制作饰边：表裙下摆由褶纹递增的三层装饰花边组成。因此，先将饰边的底边扣净，利用三角针缝或拱针缝固定好，然后将花边烫平，固定在底边上，缝线松紧适宜，如图5-6（2）所示。

（3）抽缩饰边：在饰边的上边沿缝份大针距车缝，然后抽紧底线，使其长度分别等于组装位置对应的长度，如图5-6（3）所示。

（4）组装饰边：将第三层饰边装于下面的标记线处，沿饰边线固定一周，如图5-6（4）所示。

（5）第三层饰边效果：调整褶纹的疏密，使褶纹分布均匀，达到装饰效果，如图5-6（5）所示。

（6）整体饰边效果：用相同的方法将三层饰边组装好，观察整体效果并调整各层褶纹，如图5-6（6）所示。

6. **盘花制作**（图5-7）

（1）胸部盘花：首先制作滚条，将一根线绳放入滚条布内，滚条布两边折净后沿边0.1cm缝合（共四层）。然后考虑盘花的面积与形状进行图案设计，从中心部位开始，按图案向两侧盘花，一边盘一边固定，如图5-7（1）所示。

（2）盘花效果：胸部盘花左右基本对称，图案呈菱形，由于滚条内添加线绳，整体效果饱满圆润，如图5-7（2）所示。

（3）领部装饰：在盘花的嵌线中缝制亮片点缀，然后将带状合金饰品在颈部装饰，进一步提升其亮度，如图5-7（3）所示。

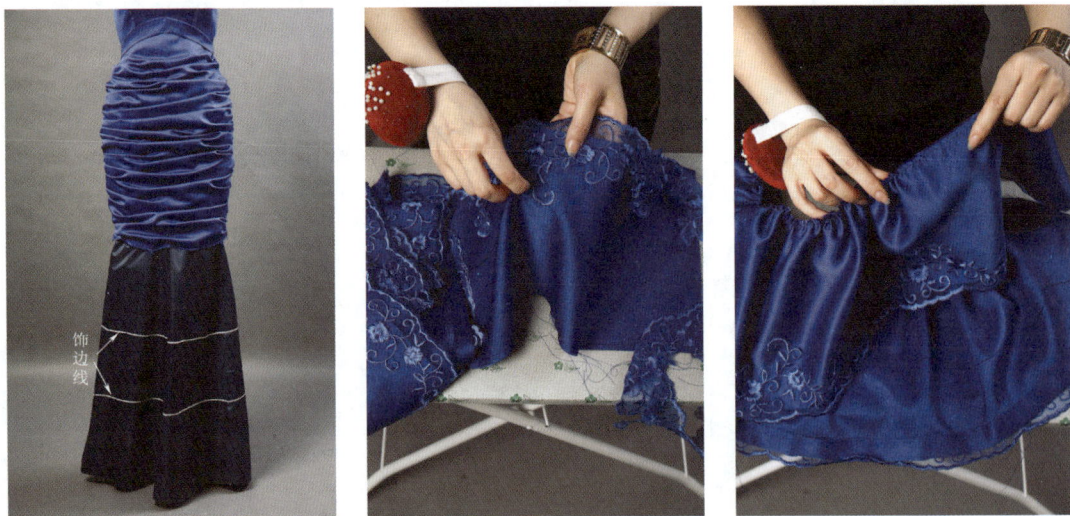

| (1) 标记饰边线 | (2) 制作饰边 | (3) 抽缩饰边 |

图5-6

| (4) 组装饰边 | (5) 第三层饰边效果 | (6) 整体饰边效果 |

图5-6　鱼尾型晚礼服表裙下摆造型

（4）后腰盘花：盘花方法同前胸。注意与前胸盘花部分的衔接，如图 5-7（4）所示。

7. 整体效果与样板结构（图5-8）

（1）整体效果：在腰部装饰带状合金饰品以呼应领部装饰。分别从正面、侧面、背面观察其整体效果，调整不合适的部分，直至满意为止，如图 5-8（1）~（3）所示。

| (1) 胸部盘花 | (2) 盘花效果 |

图5-7

(3) 领部装饰   (4) 后腰盘花

图5-7　盘花制作

（2）样板结构：将样衣展开成平面，圆顺各曲线，做好标记，修剪缝份，做出其样板结构，如图 5-8（4）~（6）所示。

(1) 正面效果   (2) 侧面效果   (3) 背面效果

图5-8

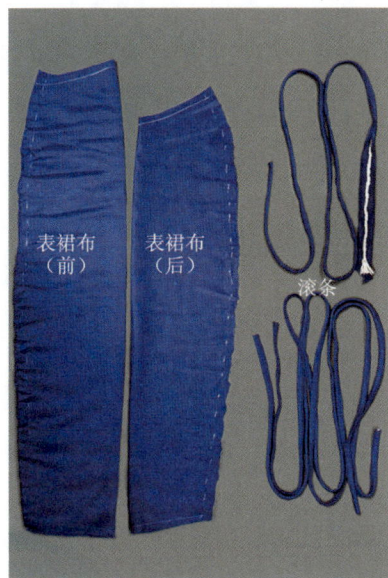

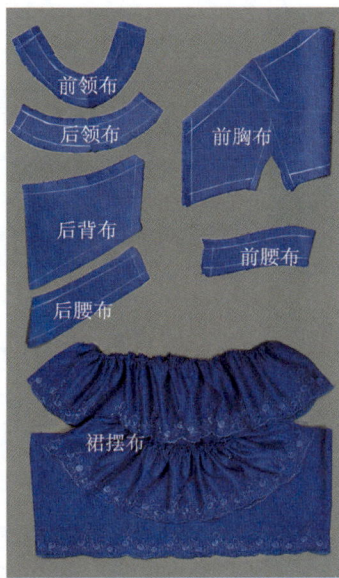

(4) 表裙样板结构　　　　(5) 上身及裙摆样板结构　　　　(6) 内裙样板结构

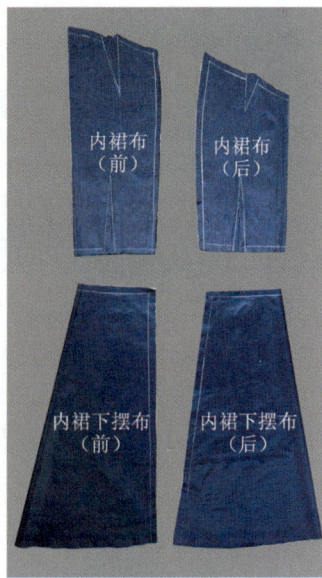

图5-8　鱼尾型晚礼服整体效果与样板结构

第二节　漏斗型晚礼服立体造型
Three-dimensional Form of Funnel Type Evening Dress

一、款式分析

本款晚礼服廓型为饱满的漏斗型，整体干练精致、浪漫时尚。利用仿生设计，将大自然的植物（叶子）这一元素，运用在晚礼服的前胸与后背设计上，并进行了有秩序的排列。另外在面料的颜色上采用了渐变设计，仿佛花朵盛开般华丽芬芳、栩栩如生，赋予了生命的灵性，增添了优雅、浪漫和活力。腰部黑色装饰巧用镂空设计，增加了色彩的对比与协调，选用涤纶加闪光粉面料制作效果更佳，如图5-9所示。

二、学习要点

掌握漏斗型廓型的要点；学习、运用仿生设计，拓展设计空间；掌握镂空工艺及面料的色彩与质感搭配。

图5-9　漏斗型晚礼服款式图

三、制作步骤

1. 材料准备（图5-10）

（1）布料：前胸底布长44cm、宽24cm；后背底布长44cm、宽15cm；大叶子长13.5cm（小叶子长11.5cm）、宽11cm，四种颜色最多21对、最少15对；腰部装饰布长70cm、宽12cm；裙布为长72cm、宽46cm的布料两块。标记好基准线，如图5-10（1）所示。

（2）面辅料：其中面料为浅黄、深黄、橘黄、橘红色布，幅宽150cm，用料各0.5m；150cm幅宽的黄色布0.5m，150cm幅宽的黑色布0.15m。辅料为胸垫两个，装饰花边1.5m（带合金饰品），亮片若干。面料小样如图5-10（2）所示。

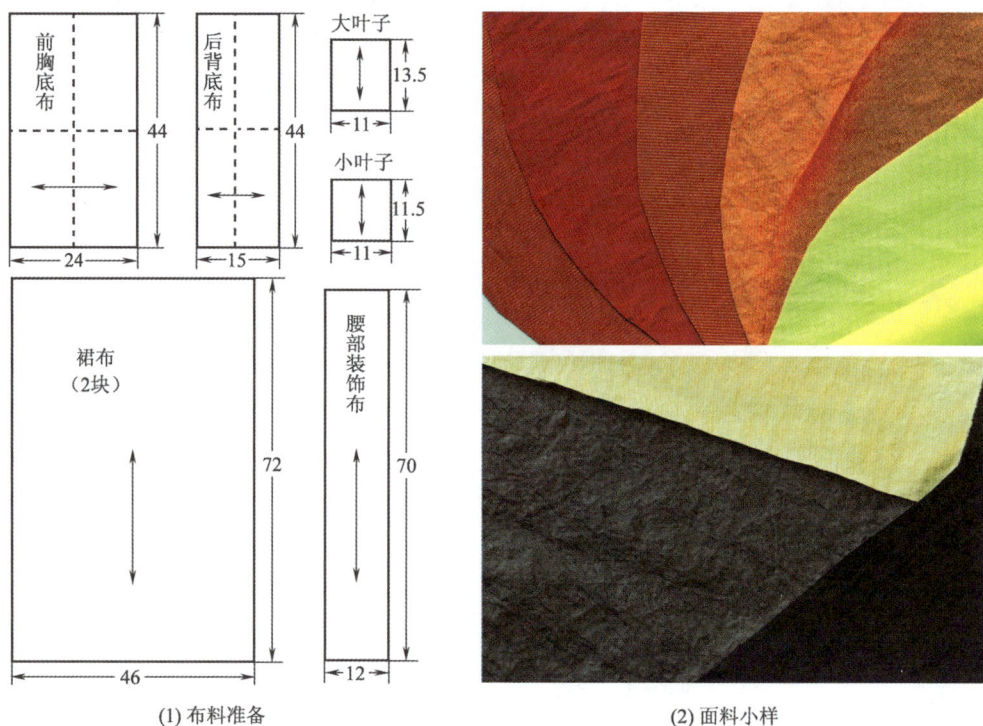

(1) 布料准备

(2) 面料小样

图5-10 漏斗型晚礼服材料准备

2. 前身造型（图5-11）

（1）制作前胸底布：标记设计线，将前胸底布对合前中线与胸围线并固定，制作腋下省与腰省，按廓型加放缝份，剪掉余料，如图5-11（1）所示。

（2）制作后背底布：用相同方法制作后胸底布，注意松量的平衡，如图5-11（2）所示。

（3）设计花型：按长13.5cm、宽11cm的大小设计叶子，并同时剪两层，为了增加丰富感，可将这两层剪成阶梯状，如图5-11（3）所示。

（4）制作叶子：在叶子底部缩缝（两层一起缝），形成立体叶子状，如图5-11（4）所示。

（5）固定第一层叶子：设计并标记四条设计线（可以自行设计条数和位置），将浅黄色叶子固定在底布上的第一条设计线上，如图5-11（5）所示。

（6）调整第一层叶子：一边固定一边调整，使叶子有疏密变化，前后斟酌好，如图5-11（6）所示。

（7）固定第二层叶子：用同样方法固定第二层叶子，使颜色呈渐变效果，用深黄色叶子制作，布局要紧凑，要与第一层叶子相间摆放，如图5-11（7）所示。

（8）固定第三、第四层叶子：用相同方法制作第三层、第四层叶子，色彩逐步变成橘黄色、橘红色，注意调整整体效果，使其造型扩展，如图5-11（8）所示。

(1) 制作前胸底布

(2) 制作后背底布

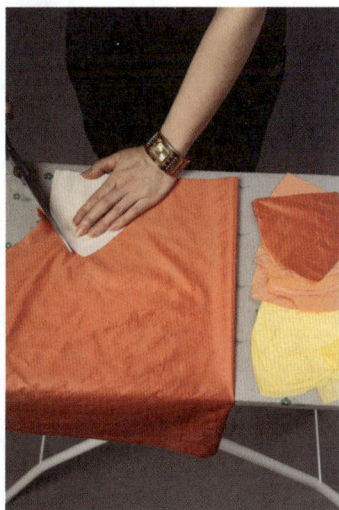

(3) 设计花型

(4) 制作叶子

(5) 固定第一层叶子

(6) 调整第一层叶子

图5-11

(7) 固定第二层叶子 　　　　　　　　　　(8) 固定第三、第四层叶子

图5-11　漏斗型晚礼服前身造型

3. 裙子造型（图5-12）

（1）披前裙布：对合前中线与腰围线，并固定。前中线处制作对褶，然后在左右两侧也制作对褶，应保持臀围线水平，如图 5-12（1）所示。

（2）制作前裙：裙子整理成小 A 型，标记褶位与轮廓，预留出缝份，剪掉余料，如图 5-12（2）所示。

（3）制作后裙：用同样方法制作后裙，不同的是制作左右两个对褶，注意与前裙的对合，如图 5-12（3）所示。

(1) 披前裙布 　　　　　　　(2) 制作前裙 　　　　　　　(3) 制作后裙

图5-12　漏斗型晚礼服裙子造型

4. 制作腰部装饰（图5-13）

（1）披腰部装饰布：按腰部设计线确定装饰布形状，不平处打剪口，如图5-13（1）所示。

（2）图案设计：将腰部装饰布取下，按其形状与大小设计图案，再把设计好的图案拓印到面料上，如图 5-13（2）所示。

（3）镂空：剪掉图案中镂空的部分，形成镂空的花卉效果，一般镂空边缘进行防脱处理，如图 5-13（3）所示。

（4）装腰部装饰布：将制作带有镂空效果的腰部装饰布装于腰部，并与上下对接好。在底布的衬托下，花纹明显地显现出来，如图5-13（4）所示。

5. 整体效果与样板结构（图5-14）

（1）整体效果：在腰部装饰布边缘装饰带状合金饰品，以增加华丽感。分别从正面、侧面、背面观察整体效果，调整不合适的部分，直至满意为止，如图5-14（1）~（3）所示。

（2）样板结构：将样衣展开成平面，圆顺裙子、腰部装饰布的曲线，做出其样板结构，如图5-14（4）所示。

(1) 披腰装饰布　　　　　　　　　　　(2) 图案设计

图5-13

(3) 镂空

(4) 装腰部装饰布

图5-13　漏斗型晚礼服制作腰部装饰

(1) 正面效果

(2) 侧面效果

图5-14

(3) 背面效果   (4) 样板结构

图5-14 漏斗型晚礼服整体效果与样板结构

第三节 螺旋型晚礼服立体造型
Three-dimensional Form of Spiral Type Evening Dress

一、款式分析

    本款晚礼服从整体廓型看是圆台型，表现形式则属螺旋状。主体以单肩、斜褶、短裙为特点，腰部采用立体花饰作为旋转元素，相间同色系闪光纱与软纱，并进行抽褶处理，使其在旋转效果的基础上更加强化了层次感与律动感，同时也增加了礼服的装饰性与艺术表现性。整体时尚而浪漫，生动又华美，如图 5-15 所示。

二、学习要点

    掌握螺旋型晚礼服的布局设计、装饰细节与表现手法，掌握材料搭配与整体造型艺术。

图5-15 螺旋型晚礼服款式图

三、制作步骤

1. 材料准备（图5-16）

（1）布料：里布：前后衣身长46cm、宽38cm；前后里裙长52cm、宽47cm。表布：前后衣身长53cm、宽45cm；饰布1长42cm、宽39cm；饰布2长25cm、宽17cm；旋转布1长65cm、宽43cm；旋转布2长46cm、宽45cm；旋转布3长55cm、宽45cm；旋转布4长75cm、宽53cm；旋转布5长72cm、宽61cm；旋转布6长70cm、宽60cm；旋转布7长75cm、宽47cm；旋转布8长94cm、宽68cm。标记好基准线，如图5-16（1）所示。

（2）面辅料：面料为幅宽150cm的绿缎，用料3m。辅料为幅宽150cm的闪光布，用料1.5m；幅宽150cm的软纱，用料2m；幅宽150cm的珠片网眼纱，用料0.5m；胸垫两个。面料小样如图5-16（2）所示。

2. 前后内裙造型（图5-17）

（1）制作前底布：按款式造型，先将衣身做腰省与腋下省，内裙制作成小A型，即腰部收省，下摆放大（制作过程从略），根据款式要求制作出单肩形状。腰部是否断开可自行设计，注意上下裙身整体要协调，如图5-17（1）所示。

（2）制作后底布：后裙收腰省，省量比前身大，制作方法与前身基本相同，如图5-17（2）所示。

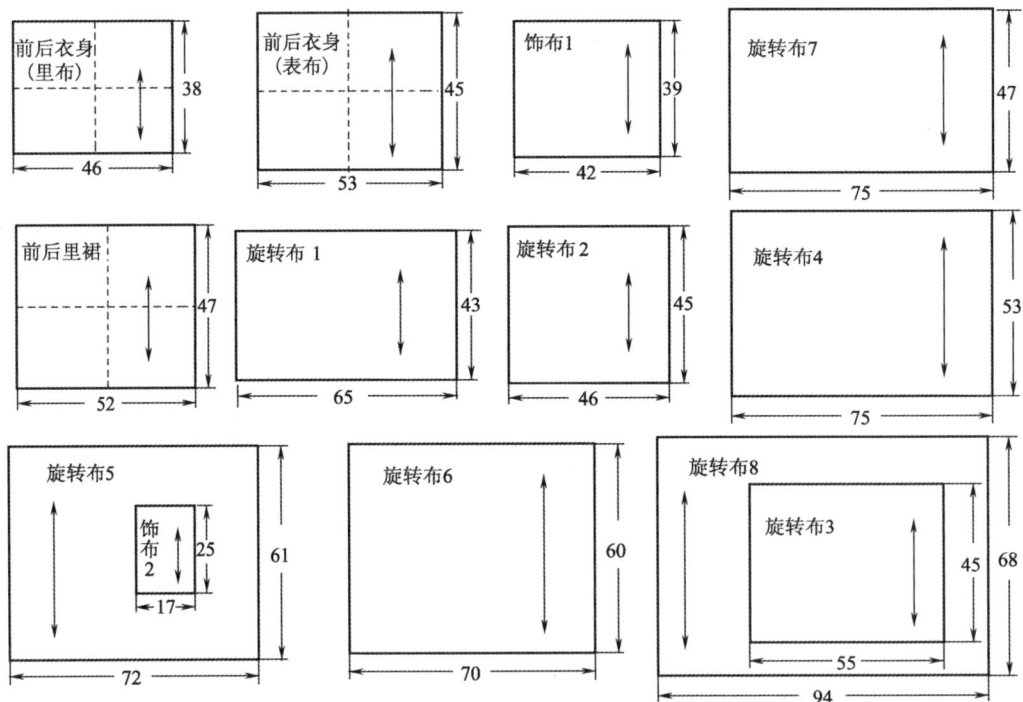

(1) 布料准备

图5-16

(2) 面料小样

图5-16 螺旋型晚礼服材料准备

(1) 制作前底布

(2) 制作后底布

图5-17 螺旋型晚礼服前后内裙造型

3. 前后衣身造型（图5-18）

（1）标记前身设计线：按款式标记前领口线、胸线、腰线，并将人台加长，下部逐渐收拢，如图5-18（1）所示。

（2）标记后身设计线：按款式标记后领口线、背线、腰线，如图5-18（2）所示。

（3）披饰布1：将饰布1粗裁后对折使用，放在右胸处，通过做褶裥将上边收拢，固定，如图5-18（3）所示。

（4）制作饰布1：可做三个褶裥，中间做对褶，调整褶纹的位置与大小，尽量制作出饱满、流畅的造型，如图5-18（4）所示。

（5）粗裁饰布1：将调整好的饰布1按领口形状标记好，加放1.5cm的缝份，剪掉余料，如图5-18（5）所示。

（6）披饰布2：将饰布2粗裁后对折使用，将其一角朝下，放在饰布1的上面，调整其大小与位置，考虑与饰布1的造型协调，标记轮廓，预留出缝份，剪掉余料，如图5-18（6）所示。

（7）披前身布：披前身布是利用经纱的特点（在领口处用直纱），按照领口形状剪掉余料，如图5-18（7）所示。

（8）制作前身：在左肩处做褶裥，并向右胸下部延伸，腰部也同样做出斜向褶纹。剪掉袖窿处多余的布料，整体观察并确认形状，如图5-18（8）所示。

（9）制作后身：用同样方法制作后身，注意肩部、袖窿与前身的接合，如图5-18（9）所示。

（10）上身效果：将样衣取下，标记轮廓线，假缝后装于人台上，调整细节与形状，如图5-18（10）所示。

(1) 标记前身设计线　　　　　　　　　(2) 标记后身设计线

图5-18

(3) 披饰布 1   (4) 制作饰布 1

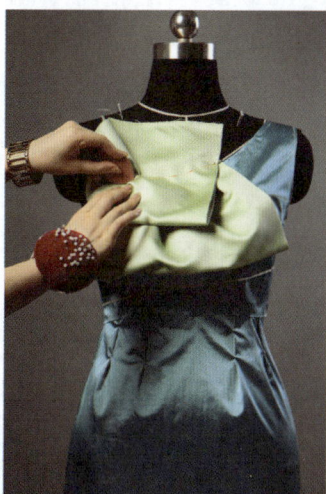
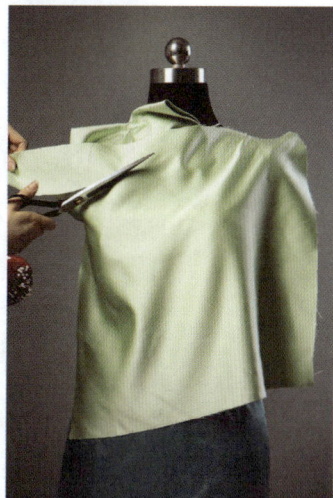

(5) 粗裁饰布 1   (6) 披饰布 2   (7) 披前身布

(8) 制作前身   (9) 制作后身   (10) 上身效果

图5-18　螺旋型晚礼服前后衣身造型

4. 前后裙子造型（图5-19）

（1）标记设计线：按螺旋型裙标记设计线，注意是错位螺旋的方式，开始旋转的位置设计在左侧腰部。为方便说明，按设计线分成八个区域，正面能看到的有1、2、3、5、6、7、8，其中3、5、7、8兼侧面与后面，如图5-19（1）所示。

（2）披旋转布1：将旋转布1粗裁后两边扣净并对折使用，在左侧腰部沿设计线1的上端固定，如图5-19（2）所示。

（3）制作旋转布1：将其中部做成对裥，呈倾斜状，如图5-19（3）所示。

（4）固定旋转布1：按设计线标记轮廓，预留缝份，剪掉余料，如图5-19（4）所示。

（5）制作其他旋转布：用同样方法制作其他旋转布，在固定每片布时都要与前片布重叠，其大小可按实际效果确定，如图5-19（5）所示。

（6）裙子效果：将8块旋转布组装后，可清楚地看出旋转层次。对于不饱满的块面可添加一些软纱，如图5-19（6）所示。

(1) 标记设计线

(2) 披旋转布1

(3) 制作旋转布1

(4) 固定旋转布1

(5) 制作其他旋转布

(6) 裙子效果

图5-19 螺旋型晚礼服前后裙子造型

5. 前后装饰制作（图5-20）

（1）准备装饰布：为了达到丰满、丰富的效果，将闪光布与三块软纱分别裁成双层，且要大小不同，并在一端缩缝，注意折叠印朝外。另外，要将珠片网眼纱中的亮片链剪下来备用，如图5-20（1）所示。

（2）缀装饰布1：将做好的软纱分别与闪光布组合，组合方法是闪光布的上面两层软纱，下面一层软纱，再装于第一层旋转布的上面，如图5-20（2）所示。

（3）缀其他装饰布：用相同方法将其他装饰布夹缝在旋转布上，如图5-20（3）所示。

（4）整理装饰部分：将装饰部分进行整理，打开各层使其圆浑饱满，如图5-20（4）所示。

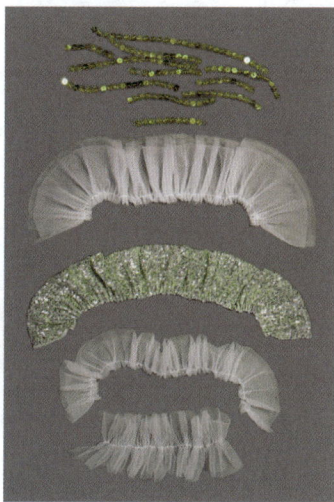
(1) 准备装饰布

(2) 缀装饰布1

(3) 缀其他装饰布

(4) 整理装饰部分

图5-20 螺旋型晚礼服前后装饰制作

6.整体效果与样板结构（图5-21）

（1）局部装饰：将亮片沿前后肩部褶纹的走向固定装饰，在前后腰部的褶纹处也缝上一些亮片，以强调闪光效果，与肩部的亮片相呼应，如图 5-21（1）所示。

（2）整体效果：观察整体效果，调整不合适的部分，直至满意为止，如图 5-21（2）~（4）所示。

（3）样板结构：将样衣展开成平面，圆顺各曲线，标记每块旋转布及褶裥位，做出其样板结构，如图 5-21（5）、（6）所示。

(1) 局部装饰

(2) 正面效果

(3) 侧面效果

(4) 背面效果

图5-21

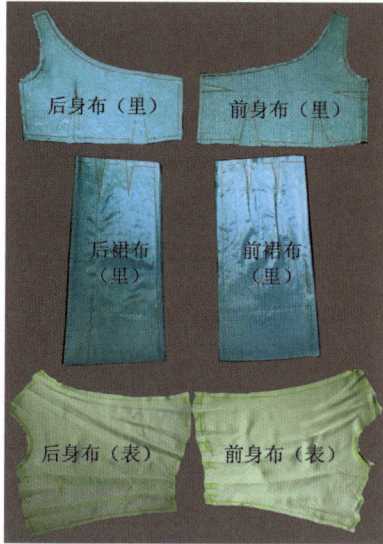

(5) 主体样板结构

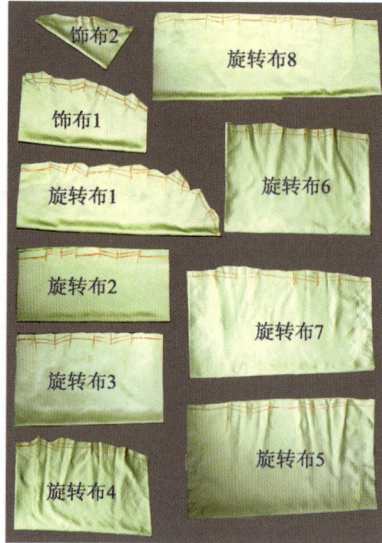

(6) 装饰布样板结构

图5-21 螺旋型晚礼服整体效果与样板结构

第六章　日间礼服立体造型实例
Examples of Three-dimensional Form of Daytime Dress

日间礼服也称"午后正装"，是午后 1 : 00~3 : 00 左右参加社交活动所穿用的,特指白天外出正式拜会访问时穿用的正式服装。这种服装可在购物、观看戏剧、参加茶会、朋友聚会等场合穿着,稍加修饰也可以参加朋友的婚礼、庆典仪式等,具有高雅、沉着、稳重的风格。款式设计讲究庄重感、正式感、时尚感,充分展示女性端庄、大方、高雅的气质和风度。日间礼服不宜过多暴露肌肤,既不可过于裸露,又不可太拘谨,不局限于只是一件连衣裙,可以分为两件套、三件套等搭配穿着。由于白天光线充足,一般选择不透明、无强烈反光的羊毛、丝绸、化学纤维以及混纺等材料制作。

第一节　圆台型日间礼服立体造型
Three-dimensional Form of Rotary Table Type Daytime Dress

一、款式分析

本款礼服上身合体,裙子呈圆台型,自然散开,如图 6-1 所示,在前表纱裙设计波浪褶,与胸腰扎系的大蝴蝶结相呼应,大蝴蝶结立体编结,栩栩如生,其位置与面积都是最大亮点,可称为本款礼服的点睛之笔。本款礼服面料的搭配也是独具匠心,整体是由黄色缎料制作,蝴蝶结的面料采用同色系、同质感的印花或提花面料。

二、学习要点

掌握衣身与裙子的结构比例关系以及波浪裙的结构;学习大蝴蝶结的设计、造型与制作;掌握面料搭配要点。

图6-1　圆台型日间礼服款式图

三、制作步骤

1.材料准备（图6-2）

（1）布料：前中布长 30cm、宽 29cm；前侧布为长 29cm、宽 15cm 的布料两块；内外裙布为长 150cm、宽 150cm 的布料两块（半面）；蝴蝶结布 1 为长 90cm、宽 75cm 的布料两块；蝴蝶结布 2 为长 45cm、宽 18cm 的布料两块；蝴蝶结布 3 为长 38cm、宽 16cm 的布料两块；腰带布长 73cm、宽 9cm。标记好基准线（即布料准备图中的虚线所示），如图 6-2（1）所示。

（2）面辅料：其中面料为幅宽 150cm 的黄色缎料，用料 2.6m；幅宽 150cm 的提花缎，用料 1.1m；幅宽 150cm 的纱料，用料 1.8m。辅料为胸垫两个、硬纱或黏合衬 1m。面料小样如图 6-2（2）所示。

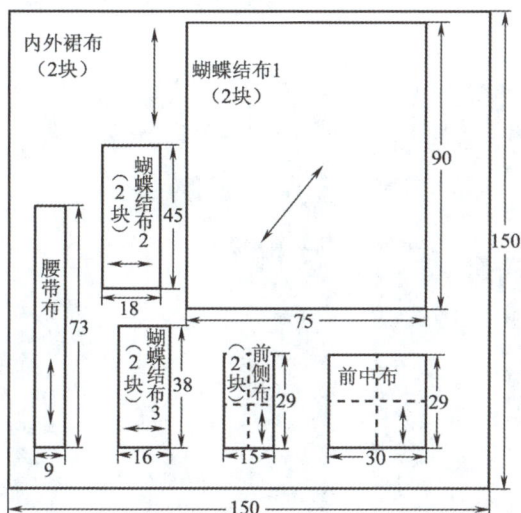

(1) 布料准备

(2) 面料小样

图6-2　圆台型日间礼服材料准备

2.前裙造型（图6-3）

（1）裙子制板：采用腰部加褶的圆台型裙裁法，外裙参考内裙结构与效果图粗裁，其结构如图 6-3（1）所示。

（2）装内裙：内裙按照结构图裁好并缝合，腰部抽碎褶，装于人台腰部，褶裥均匀，如图 6-3（2）所示。

（3）装外裙：用白纱布制作，腰部抽碎褶，固定在人台上，如图 6-3（3）所示。

（4）外裙效果：将粗裁外裙的左右裁片装于人台上，整理裙褶，使其产生层次感。为了使其与蝴蝶结比例协调，具体长度待以后调整，如图 6-3（4）所示。

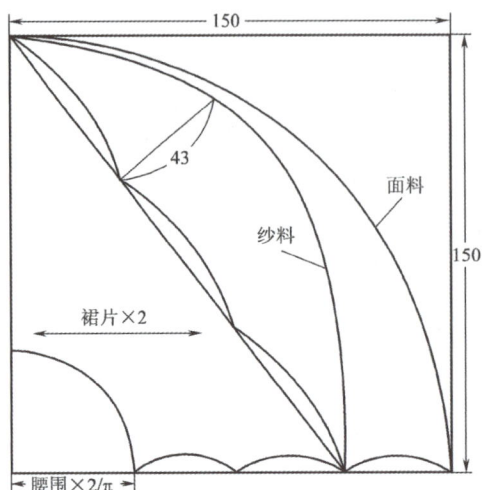

(1) 裙子制板　　　　　　　　　　　　　　(2) 装内裙

(3) 装外裙　　　　　　　　　　　　　　(4) 外裙效果

图6-3　圆台型日间礼服前裙造型

3.前身造型（图6-4）

（1）披前中布：标记设计线，使曲线圆顺流畅。将前中布对合前中线与胸围线并固定，按设计线加放缝份，剪掉余料，如图 6-4（1）所示。

（2）披前侧布：将前侧布料横向基准线对合胸围线，纵向基准线与地面垂直，固定，按设计线加放缝份，剪掉余料，如图 6-4（2）所示。

（3）前侧布与前中布对合：将前中布与前侧布对合，调整松度平衡，标记轮廓，剪掉余料，如图 6-4（3）所示。

（4）前身效果：将样衣展成平面，确定轮廓线，组合后穿于人台上，调整效果，如图 6-4（4）所示。

(1) 披前中布   (2) 披前侧布

(3) 前侧布与前中布对合   (4) 前身效果

图6-4   圆台型日间礼服前身造型

4.蝴蝶结造型（图6-5）

（1）标记设计线：注意蝴蝶结各部分的比例与整体造型的关系，标记好设计线，为叙述方便，将其分为3个部分，从右侧腰部开始转向右胸前且面积最大的为蝴蝶结1，中间为蝴蝶结2，左侧为蝴蝶结3，如图6-5（1）所示。

（2）披蝴蝶结布1：从右侧底部开始固定，并沿箭头方向抚推布料，如图6-5（2）所示。

（3）理顺布料：按设计线将右腰部分的布料逐渐剪开，把布料理顺，汇集到前中心偏左处，这时在腰部出现多余的布量，将其做横向褶裥，并剪掉底布余料，如图6-5（3）所示。

（4）折转布料：将中心处的布料向右折转，使蝴蝶结1原本上面的布料翻到下面，这一步很关键，如图6-5（4）所示。

（5）蝴蝶结1轮廓：按标记的设计线确定其轮廓，注意蝴蝶结1上部需要翻折下来（即双层），以强化丰满、挺括、立体的感觉，如图6-5（5）所示。

（6）制作腰带：腰带宽3cm，腰带做净后，从右侧腰带一端折回5cm，再离折回印3cm处缉缝，使其形成一个孔。然后将其固定到腰部，并与蝴蝶结1固定在一起，使之成为一整体，如图6-5（6）所示。

（7）制作蝴蝶结2：将蝴蝶结布2部分由下向上穿过腰带孔，同时也要从蝴蝶结1下面穿过，蝴蝶结2上面穿出后，压在蝴蝶结1的上面，形成编结的形式才有韵味，如图6-5（7）所示。

（8）蝴蝶结2轮廓：按设计线确定其轮廓，剪掉余料，如图6-5（8）所示。

（9）制作蝴蝶结3：将蝴蝶结布3折叠，为符合腰部形状，在蝴蝶结3上部做一褶裥，蝴蝶结3下部压在蝴蝶结2上，并修剪出底边的层次，注意各部位的比例与蝴蝶结整体效果，如图6-5（9）所示。

（10）装左侧腰带：将左侧腰带压在蝴蝶结2、蝴蝶结3上面，调整好松量固定，如图6-5（10）所示。

（11）确定外裙长度：将外裙前长确定好，作一弧线并粘贴印记，然后放下来看看形成的波浪层次是否理想，如果不合适可以调整弧线的曲度与形状。同时还要考虑与蝴蝶结的比例关系，如图6-5（11）所示。

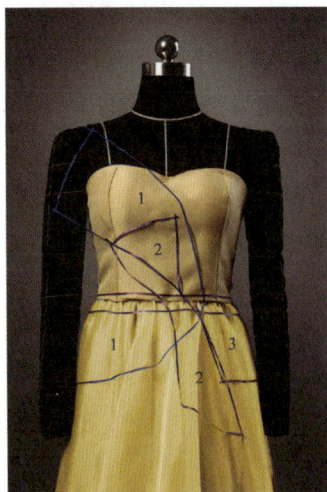

(1)标记设计线   (2)披蝴蝶结布1   (3)理顺布料

图6-5

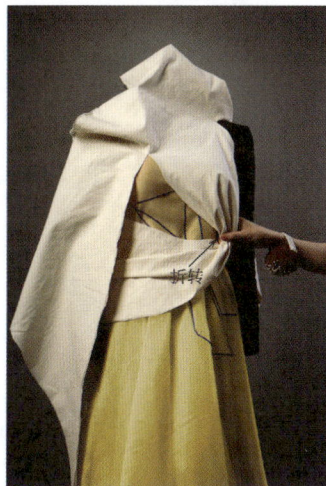

(4)折转布料

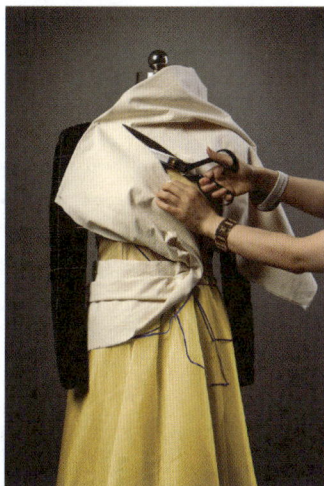

(5)蝴蝶结1轮廓

(6)制作腰带

(7)制作蝴蝶结2

(8)蝴蝶结2轮廓

(9)制作蝴蝶结3

(10)装左侧腰带

(11)确定外裙长度

(12)外裙效果

图6-5　圆台型日间礼服蝴蝶结造型

（12）外裙效果：将调整后的外裙余料剪掉，观察整体效果，如图6-5（12）所示。

5.**整体效果与样板结构**（图6-6）

（1）局部装饰：在胸部装饰亮片，如图6-6（1）所示。

（2）整体效果：观察整体效果，调整不合适的部分，直至满意为止，如图6-6（2）所示。

（3）样板结构：将样衣展成平面，圆顺各曲线，做出其样板结构（不包括内裙），如图6-6（3）所示。

(1) 局部效果　　　　　　　　(2) 整体效果　　　　　　　　(3) 样板结构

图6-6　圆台型日间礼服立体造型

第二节　陶瓶型小礼服立体造型

Three-dimensional Form of Pottery Style Little Ceremony Dress

小礼服妩媚、典雅，也称鸡尾酒服。主要用于鸡尾酒会、商务酒会、公司年会、招待客户酒会上穿着的礼服。小礼服是介于下午装和晚礼服之间，裙长过膝，选择华丽和有垂坠感的面料为佳，色彩可选择明快的单纯色。

一、款式分析

本款礼服胸围、腰围合体，突出臀围，收紧膝围，造型呈陶瓶状。其设计重点除了造型上的变化外，主要在面料的肌理上寻求变化。通过不同的褶纹变化与闪光加花卉的设计，使原本平淡的小礼服增添了几分现代感、时尚感，如图6-7所示。

二、学习要点

掌握褶饰设计方法；学习装饰花卉的设计与制作；掌握廓型变化的要素与表现技巧。

三、制作步骤

1.材料准备（图6-8）

（1）布料：前胸底布长48cm、宽29cm；右挂肩底布长52cm、宽10cm；前裙底布长58cm、宽50cm；右挂肩表布（闪光布）长52cm、宽10cm；前胸表布长53cm、宽50cm；左挂肩表布长100cm、宽28cm；前裙表布1长78cm、宽55cm；前裙表布2长80cm、宽68cm；前裙闪光布长50cm、宽37cm；花卉布长18cm、宽7cm，若干条，如图6-8（1）所示。

图6-7 陶瓶型小礼服款式图

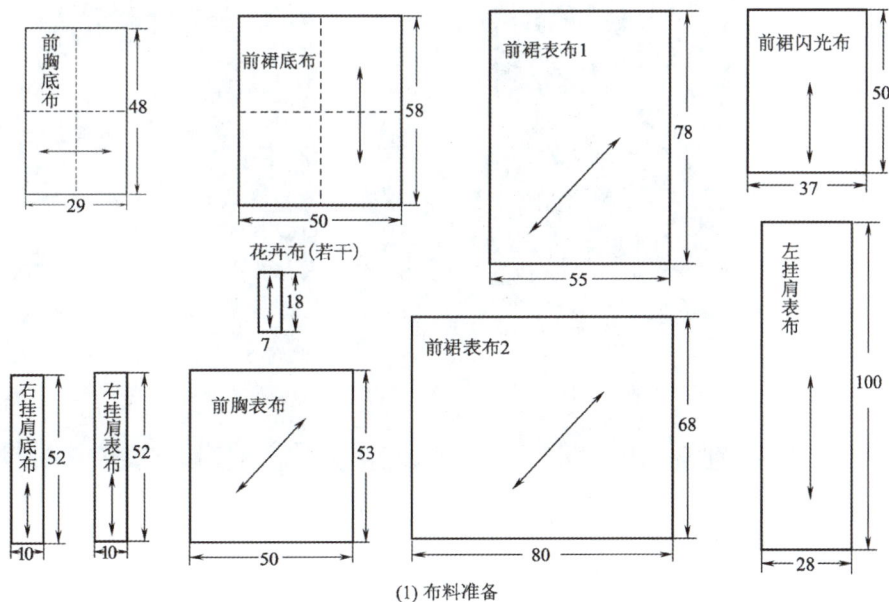

（1）布料准备

图6-8

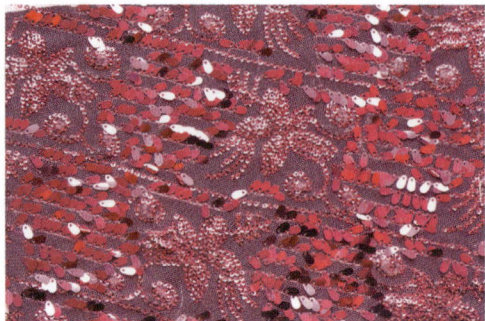

(2) 面料小样

图6-8　陶瓶型小礼服材料准备

（2）面辅料：面料为幅宽 115cm 的缎料，用料 220cm。辅料为闪光布 50cm，亮片少许。面料小样如图 6-8（2）所示。

2. 前身内层造型（图6-9）

（1）调整人台：按裙长在人台底部加出不足部分，如图 6-9（1）所示，由于本款呈陶瓶型造型，所以要收紧裙摆。

（2）制作底布：按款式造型，先将底布制作成近似陶瓶造型（制作过程略），配合表层，胸上部做成弧形，注意整体要合体舒适，如图 6-9（2）所示。

(1) 调整人台　　　　　　　　　(2) 制作底布

图6-9　陶瓶型小礼服前身内层造型

3. 前身表层造型（图6-10）

（1）标记设计线：按款式在底布上标记设计线，主要考虑褶纹的走向与布局。肩部呈挂肩状，将裙子分1、2、3部分，如图6-10（1）所示。

（2）披闪光布：将右手臂与表裙布3部分用闪光布制作，按在底布上标记的设计线确定其轮廓，如图6-10（2）所示。

（3）确定闪光布轮廓：整理其形状，按标记的设计线将其固定在底布上，如图6-10（3）所示。

（4）披表裙布1：为了使裙子褶纹造型自然，将面料倾斜20°~30°制作。先从左侧腰部开始，如图6-10（4）所示。

（5）制作裙子褶纹：将布料按45°左右的斜纱固定，逐一叠出斜向褶纹，褶纹要自然，大小不同，叠好一个褶纹固定一个，整体观察并及时修改，如图6-10（5）所示。

（6）确定裙1轮廓：调整好裙子褶纹后，标记裙腰部，剪掉余料，如图6-10（6）所示。

（7）披表裙布2：为了使裙子褶纹的纱向改变自然，并且在右胯部形成一处突起中心，要用另一块面料制作，并结合部位处理好。预留缝份，剪掉余料，如图6-10（7）所示。

（8）披胸表布：从腰部开始制作胸表布褶纹，注意褶纹的疏密与角度变化，制作时要把握好平衡，如图6-10（8）所示。

（9）披左挂肩：制作方法与披胸表布相同，要处理好与胸部的衔接、与右挂肩的衔接，还要调整好左挂肩的松量，如图6-10（9）所示。

（10）制作花卉：将花卉布对折，沿毛边车缝，抽紧缝线使之围成一圈，在花卉中心钉上几个亮片作为装饰，如图6-10（10）所示。

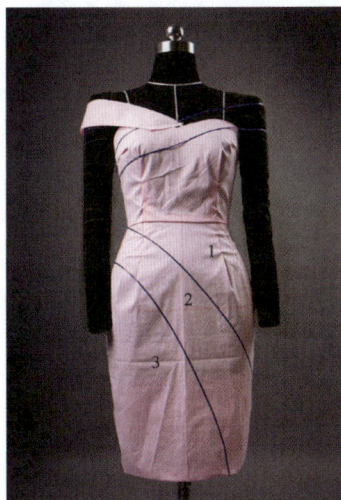

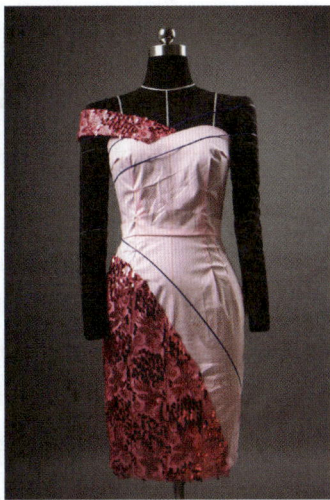

| (1)标记设计线 | (2)披闪光布 | (3)确定闪光布轮廓 |

图6-10

(4)披表裙布1　　　　　　　(5)制作裙子褶纹　　　　　　　(6)确定裙1轮廓

(7)披表裙布2　　　　　　　　　　　(8)披胸表布

(9)披左挂肩　　　　　　　　　　　(10)制作花卉

图6-10　陶瓶型小礼服前身表层造型

4. 整体效果与展开（图6-11）

（1）整体效果：将做好的花卉装在右裙下方，注意排列与布局。然后观察整体效果，调整不合适的部位，直至满意为止，如图 6-11（1）所示。

（2）样板结构：将样衣展成平面，圆顺各曲线，修剪缝份，做出其样板结构，如图 6-11（2）、（3）所示。

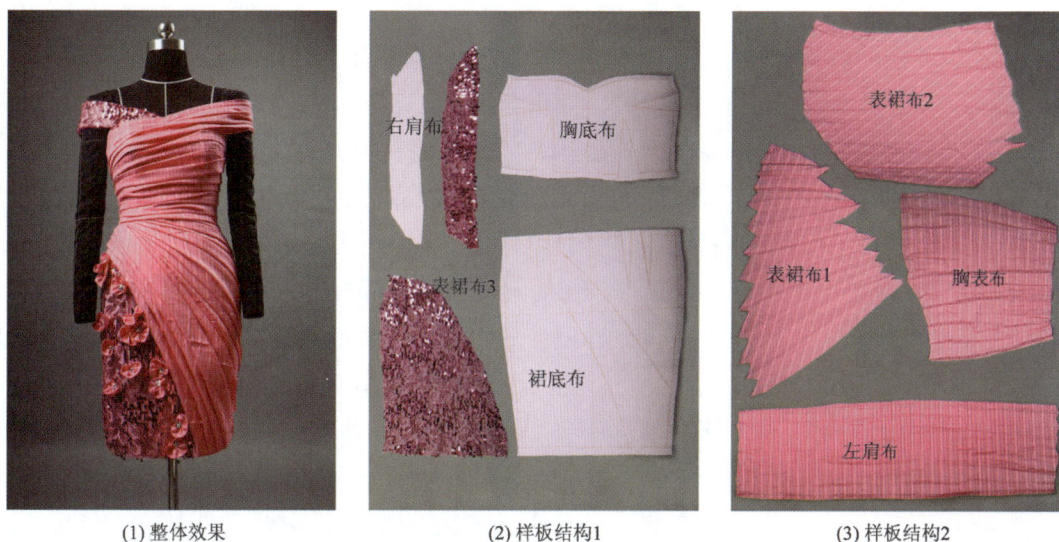

(1) 整体效果　　　　　　(2) 样板结构1　　　　　　(3) 样板结构2

图6-11　陶瓶型小礼服整体效果与样板结构

第三节　球型小礼服立体造型

Three-dimensional Form of Spheroidal Style Little Ceremony Dress

一、款式分析

本款礼服是两件套，里面为无袖合体式短直身裙，外套一长袖裙，上窄下宽的袖型，不仅与宽袖头搭配起来显得别致，而且与腰间膨起的波浪褶相协调，整体廓型呈球状。为了便于穿脱和调整肥瘦，礼服背部设计了装饰带。短直身裙采用缎料制作，蕾丝与透明纱制作长袖裙，整体显得精致、干练而不失妩媚、柔美，如图 6-12 所示。

二、学习要点

学习袖型设计与制作；掌握波浪褶装饰方法；掌握整体美感的视觉表达。

图6-12 球型小礼服
款式图

三、制作步骤

1.材料准备（图6-13）

（1）布料：直身裙前身布长 75cm、宽 30cm（半面）；直身裙后身布长 72cm、宽 28cm（半面）；长袖裙前裙布长 95cm、宽 26cm（半面）；长袖裙后裙布长 95cm、宽 30cm（半面）；袖布长 76cm、宽 68cm（半面）；袖头布为长 20cm、宽 19cm 的布料两块（半面）；波浪褶布为长 78cm、宽 70cm 的布料两块（两层、半面）。在图上标记好基准线，如图 6-13（1）所示。

（2）面辅料：其中面料为幅宽 150cm 的白色缎料 0.8m；幅宽 115cm 的闪光布料 1m；幅宽 150cm 的透明纱料 2m。辅料为胸垫两个，绳 2m。面料小样如图 6-13（2）所示。

2.前后直身裙造型（图6-14）

（1）标记前后直身裙设计线：为了强调胸部造型，要加胸垫补正。在人台上标记胸部前后造型设计线，如图 6-14（1）所示。

（2）披前直身裙布：因款式左右对称，故此处只做右半身。将布料对合前中线与胸围线、腰围线、臀围线，固定，臀围预留松量，如图 6-14（2）所示。

（3）做胸腰省：为了使胸部边缘线与人体吻合，在胸部

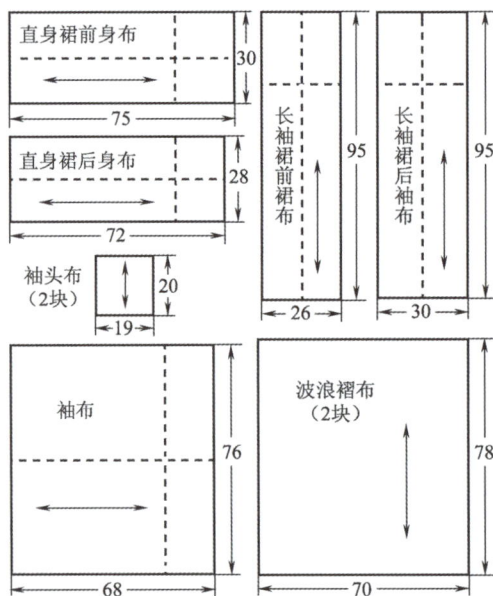

(1) 布料准备　　　　　　　　　　(2) 面料小样

图6-13 球型小礼服材料准备

做省。然后理顺布料，按人体体型在腰部做省，省上端延伸到胸部，下端顺延到臀围。然后把这些省缝连成线段。标记轮廓，剪掉余料，如图6-14（3）所示。

（4）披后直身裙布：将布料对合后中线与胸围线、腰围线、臀围线，固定，臀围预留松量，做后腰省，方法同前身，如图6-14（4）所示。

（5）前后直身裙布对合：因胸部曲线的起伏变化，要理顺其布料，在前后侧缝处对合，要注意胸、臀、腰等部位对准前后设计线。按设计线标记其轮廓形状，剪掉余料，如图6-14（5）所示。

(1) 标记前后直身裙设计线   (2) 披前直身裙布   (3) 做胸腰省

(4) 披后直身裙布   (5) 前后直身裙布对合

图6-14　球型小礼服前后直身裙造型

3. 前后长袖裙造型（图6-15）

（1）标记前长袖裙设计线：在人台上标记肩部、胸部、下摆造型设计线，下摆的两条设计线是表示缀花的位置，如图6-15（1）所示。

（2）标记后长袖裙设计线：在人台上标记肩部、背部、下摆造型设计线，下摆的两条设计线是表示缀花的位置，如图6-15（2）所示。

（3）披前身长袖裙布：将布料对合前中线与胸围线、腰围线、臀围线，固定。理顺袖窿、胸部等各部位，使之平服，确定其轮廓，剪掉余料，如图6-15（3）所示。

（4）披后身长袖裙布：将布料对合后中线与胸围线、腰围线、臀围线，固定。理顺袖窿、胸部等各部位，使之平服，确定其轮廓，剪掉余料，如图6-15（4）所示。

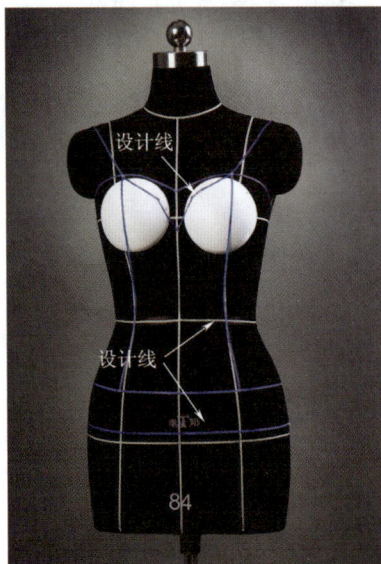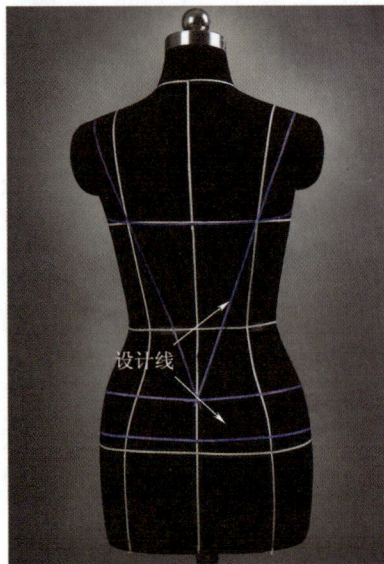

(1) 标记前长袖裙设计线　　　　　　　　(2) 标记后长袖裙设计线

(3) 披前身长袖裙布　　　　　　　　(4) 披后身长袖裙布

图6-15　球型小礼服前后表裙造型

4.衣袖造型（图6-16）

（1）衣袖制板：本款礼服的衣袖是利用喇叭袖收紧袖口，所以根据袖原型制图，利用剪开放出法放出袖宽尺寸与袖口尺寸，如图6-16（1）所示。

（2）衣袖缩缝：在袖山向下18cm处缩缝，缩缝宽度14cm左右；袖口、袖山也要缩缝，针距放大些，如图6-16（2）所示。

（3）缝合袖缝：将前后袖缝缝合，并将袖山缩缝线抽紧，做出袖山吃势，如图6-16（3）所示。

（4）装衣袖：将做好的衣袖装到袖窿上，调整衣袖与袖山，使袖山圆顺，如图6-16（4）所示。

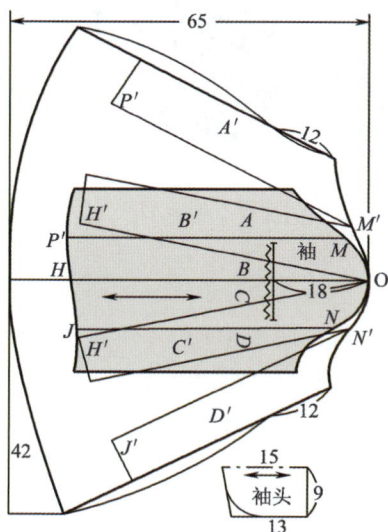

(1) 衣袖制板

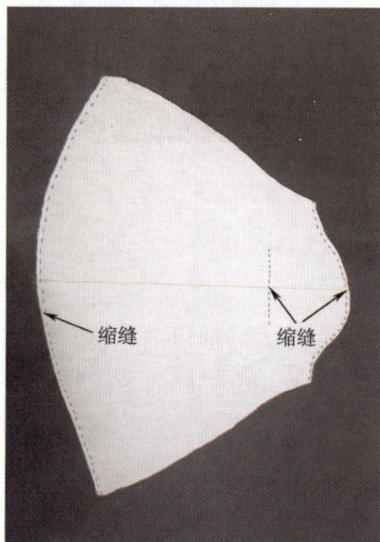

(2) 衣袖缩缝

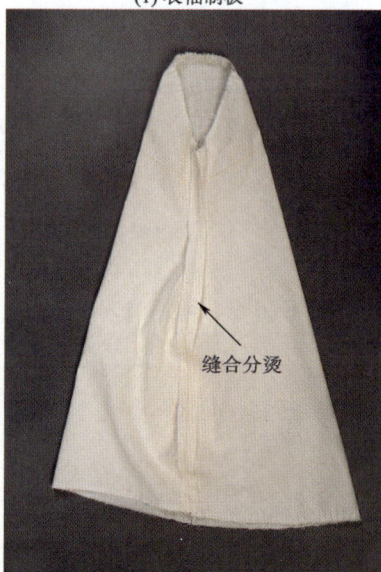

(3) 缝合袖缝

(4) 装衣袖

图6-16

(5) 抽袖口   (6) 装袖头

图6-16　球型小礼服衣袖造型

（5）抽袖口：将袖口缩缝线抽紧，使皱褶均匀，同时将袖山下 18cm 处的缝线抽紧，调整袖筒至美观状态，如图 6-16（5）所示。

（6）装袖头：先将袖头三边缉缝，再翻转到正面，烫平，装于袖口处，如图 6-16（6）所示。

5. 波浪饰边造型（图6-17）

（1）粗裁饰边：按 15cm 的宽度用纸做一长方形，然后每隔 1.5 ~ 2cm 剪开口，注意千万不要剪断，然后将剪好的长方形纸条放到布上摆开，形成螺旋曲线状，照此形状将布裁好，如图 6-17（1）所示。

（2）制作饰边：将波浪饰边内边缘缩缝，并抽紧，使饰边外缘加长；同时下摆的两条设计线内标记曲折线，相临端点相距 10cm 左右，如图 6-17（2）所示。

（3）缀装饰边：从前中部开始沿曲折线装饰边，可以调整波浪饰边褶的状态，要仔细斟酌，仔细体会其原理，如图 6-17（3）所示。

（4）第二层饰边：沿第一层饰边再装一层饰边，使皱褶更加丰富，如图 6-17（4）所示。

6. 整体效果与样板结构（图6-18）

（1）直身裙效果：将前后身直身裙样衣确定轮廓，加放缝份，制作样板。再将样板拓印到面料上，装到人台上观察效果，调整不适合之处，如图 6-18（1）、（2）所示。

(1) 粗裁饰边

(2) 制作饰边

标记

饰边结构

(3) 缀装饰边

(4) 第二层饰边

图6-17　球型小礼服波浪饰边造型

（2）长袖裙效果：将前后身长袖裙及衣袖的样衣确定轮廓，加放缝份，制作样板。再将样板拓印到面料上，装到人台上观察效果，调整不合适之处，如图6-18（3）、（4）所示。

（3）袖与饰边效果：组装前后衣袖，观察效果，调整不适合之处。将波浪饰边轮廓确定好，再拓印到面料上，波浪外边缘拷边，装第一层饰边，如图6-18（5）所示。

（4）整体效果：装第二层饰边，并整理好褶纹。分别从正面、侧面、背面观察其整体效果，调整不合适的部分，直至满意为止，如图6-18（6）~（8）所示。

（5）后背装绳：绳用斜纱料制作，或者用现成的绳替代，装上扣环后，将绳穿上，用以调整松紧，如图6-18（9）所示。

（6）样板结构：将样衣展成平面，圆顺各曲线，修剪缝份，做出其样板结构（已有结构图的裁片不在其内），如图6-18（10）所示。

(1)正面直身裙效果

(2)背面直身裙效果

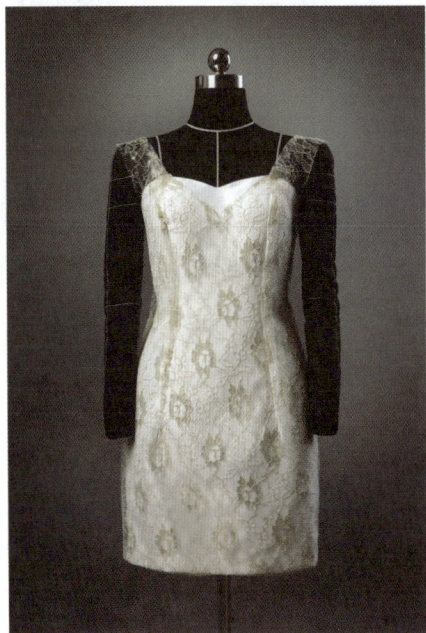

(3)正面长袖裙效果

(4)背面长袖裙效果

图6-18

(5)袖与饰边效果

(6)正面效果

(7)侧面效果

(8)背面效果

图6-18

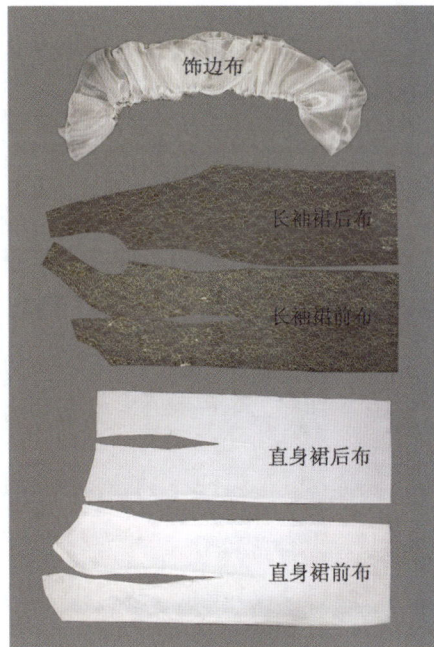

(9)后背装绳　　　　　　　　　　　(10)样板结构

图6–18　球型小礼服整体效果与样板结构

第七章　创意礼服立体造型实例
Examples of Three-dimensional Form of Creative Dress

　　创意是新奇、独创的一种创造性意识。创意礼服以新颖性、独创性为主要特征，注重主题与理念、意境与风格的体现，经常表现出超前的设计理念、超越常规的造型款式、独特的视觉效果、新奇的内部结构、材料的创新和肌理变化、巧妙的装饰细节以及设计元素多样性等特点。创意礼服设计不受服装实用性的束缚，特点是风格明确，有较强的艺术感染力。

第一节　肌理变化礼服立体造型
Three-dimensional Form of Ceremony Dress with Texture Variation

图7-1　肌理变化礼服款式图

一、款式分析

　　本款礼服以红色作为主色调，内置无袖合体式小 X 型裙，裙外表为有肌理变化的立体装饰造型。其灵感来源于植物的藤蔓与叶子。面料采用了棉麻、棉加莱卡等不同材质。色彩上选用了红色的邻近色组合，微妙、含蓄地展现服装内外层次的丰富变化。在形式上，采用了不对称式的设计方法，运用流畅的藤蔓式卷曲线条前后缠绕，形成了面料装饰肌理的变化，使作品整体体现时尚、自由、伸展与浪漫的风格，如图 7-1 所示。

二、学习要点

　　学习创意服装造型的装饰设计与制作；掌握面料的肌理处理方法；把握服装的整体风格和美感的视觉表达。

三、制作步骤

1.材料准备（图7-2）

（1）裙布：裙前后中布长120cm、宽40cm；裙前后侧布长120cm、宽38cm的布料两块；前装饰布1长85cm、宽20cm；前装饰布2长90cm、宽38cm；前装饰布3长140cm、宽110cm；叶子装饰布长100cm、宽60cm；下摆装饰布长130cm、宽120cm；左后侧装饰布长95cm、宽85m；装饰条用布长150cm、宽18cm。标记好基准线，如图7-2（1）所示。

（2）面辅料：面料为97cm幅宽的橘红色棉麻面料2m；170cm幅宽的大红色、深红色、西瓜红色、橘红色、橘黄色的棉加莱卡针织面料各1.5m；160cm幅宽的红色网眼纱2m。辅料为各种红色装饰带约100m，红色松紧带0.65m，红色铜线25m，面料小样如图7-2（2）所示。

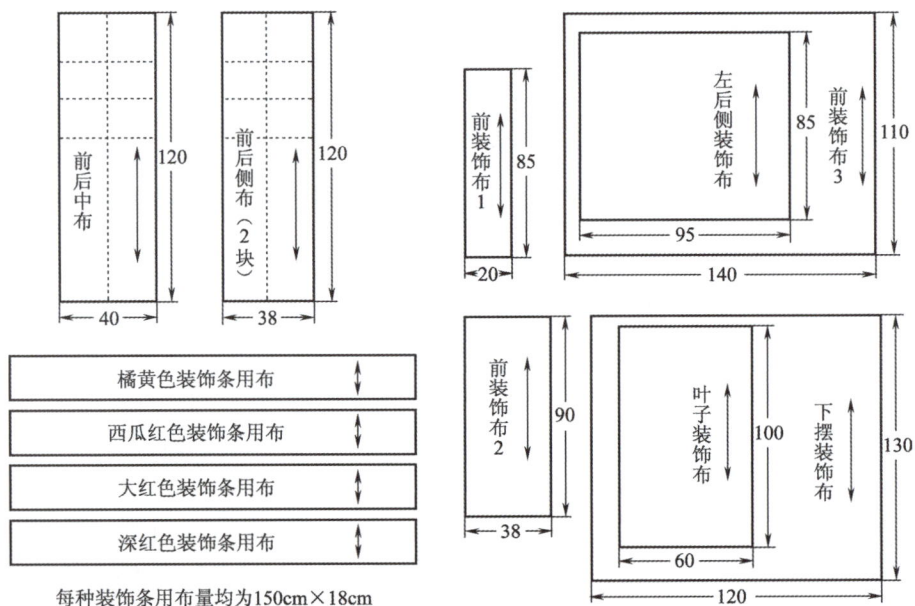

前后中布 120 40

前后侧布（2块） 120 38

前装饰布1 85 20

左后侧装饰布 85 95

前装饰布3 110 140

前装饰布2 90 38

叶子装饰布 100 60

下摆装饰布 130 120

橘黄色装饰条用布
西瓜红色装饰条用布
大红色装饰条用布
深红色装饰条用布

每种装饰条用布量均为150cm×18cm

(1) 布料准备

(2) 面料小样

图7-2　肌理变化礼服材料准备

2. **前后裙造型**（图7-3）

（1）做装前后裙撑：根据裙子造型自制裙撑，其材料用较硬的网眼纱制作。在侧面加大抽褶量，以强调侧面造型，并装上裙腰，如图7-3（1）、（2）所示。

（2）制作前后裙：裙子利用了前后公主线，使上身合体、腰部收进、下摆加大。根据款式造型设计成单肩，并将底摆修剪成左短右长的斜摆状，如图7-3（3）、（4）所示。

(1) 裙撑正面

(2) 裙撑背面

(3) 前裙造型

(4) 后裙造型

图7-3　肌理变化礼服前后裙造型

3. 标记前后装饰线（图7-4）

（1）标记前装饰线：标记前肩、前身装饰线及右侧三块装饰布的位置，如图7-4（1）所示。

（2）标记左侧装饰线：将前装饰线延续到左侧，在延续过程中调节线条的长短比例和韵律，如图7-4（2）所示。

（3）标记右侧装饰线：将后装饰线延续到右侧，方法同左侧，同时标记装饰叶子的位置，如图7-4（3）所示。

（4）标记后装饰线：标记后肩、后身装饰线及后侧装饰布的位置，如图7-4（4）所示。

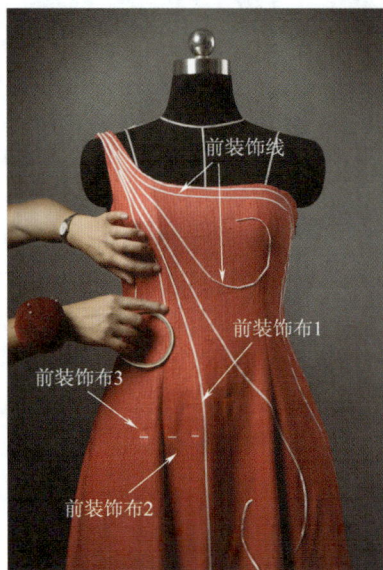

(1) 标记前装饰线　　　　　　　　　(2) 标记左侧装饰线

(3) 标记右侧装饰线　　　　　　　　　(4) 标记后装饰线

图7-4　肌理变化礼服标记前后装饰线

4.制作装饰物（图7-5）

（1）裁装饰条：将系列颜色的针织面料裁剪成宽3～6cm不等的条状，长度同幅宽。同时准备分别宽0.3cm、0.5cm、1cm的同色系不同材质的装饰带若干及红色铜线等，如图7-5（1）所示。

（2）缝装饰条：将两条不同宽窄和不同颜色的布条，分别折叠后叠加在一起，然后在上面压上一条装饰带，三者一起绲缝。其中用作立体造型的装饰条折叠一面，需要留出穿红色铜线的宽度，将红色铜线从装饰条一端穿入预留的孔中。用此方法缝制出许多不同宽窄、不同色彩搭配组合效果、且有不同装饰风格特点的装饰条，如图7-5（2）所示。

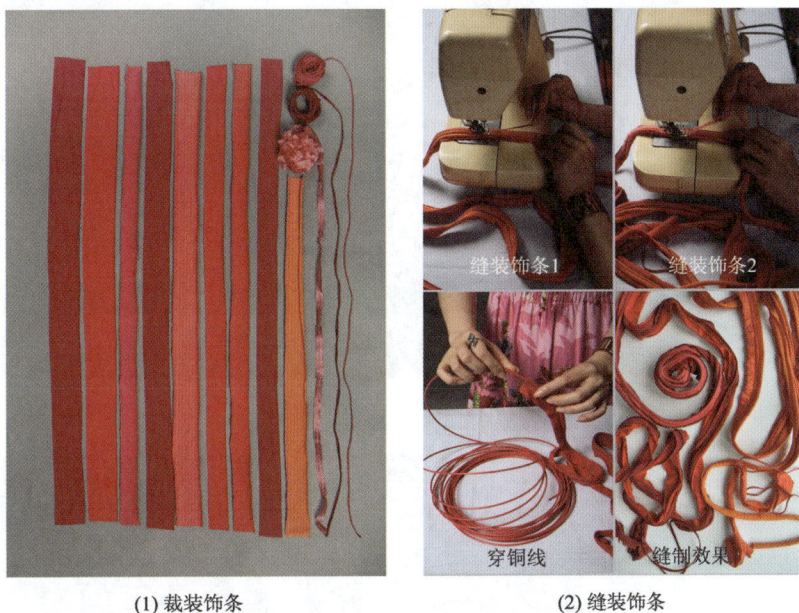

(1) 裁装饰条　　　　　　　　　　(2) 缝装饰条

图7-5　肌理变化礼服制作装饰物

5.缀装饰条（图7-6）

（1）装前身装饰条1：将做好的造型装饰条1沿前身装饰线的最上端固定，在固定前身装饰条1的过程中，要将装饰条延续到裙左侧，并做卷曲造型。要注意线条运行要流畅，同时调整线条与服装的整体比例关系，如图7-6（1）所示。

（2）装前身装饰条2：将做好的造型装饰条2，沿着前身上端的第二条装饰线固定。装饰条将从右肩沿着后身袖窿延续到裙身右侧及右后侧。在设计制作中，同样要注意线条运行流畅，同时调整线条行走的韵律以及同服装的整体比例关系。这个造型装饰条将前、后以及右侧裙身贯穿在一起，以获得完整的视觉效果和整体设计美感，如图7-6（2）、（3）所示。

（3）装前身其他装饰条：用同样的方法装前身其他装饰条，在设计制作中要注意线条运行的韵律、疏密关系、层次节奏和服装的整体效果，如图7-6（4）所示。

（4）装后身装饰条：方法同上，如图7-6（5）、（6）所示。

(1) 装前身装饰条1

(2) 装前身装饰条2

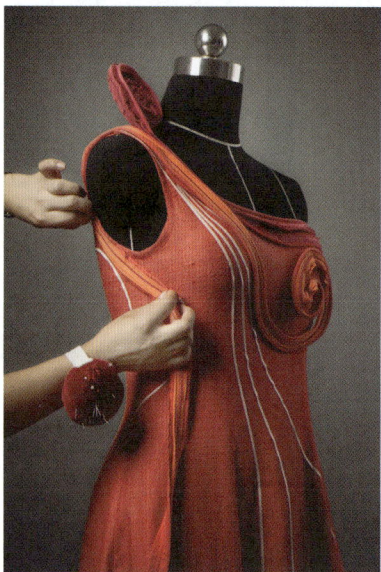

(3) 装右侧装饰条2

(4) 装前身其他装饰条

图7-6

(5) 装后身装饰条　　　　　　　　　(6) 后身装饰条效果

图7-6　肌理变化礼服缀装饰条

6. 缀装饰叶与装饰布（图7-7）

（1）披装饰叶布：将一块长 100cm、宽 60cm 大红色针织面料，别在裙右侧装饰叶安装位置上。为了获得与服装整体效果一致的造型风格，在装饰叶上端沿着中间线（侧缝线）和中间线两侧的位置，缝制三个省道，如图 7-7（1）所示。

（2）确定叶子轮廓：根据款式造型标记叶子轮廓形状，预留缝份，剪掉余料，如图 7-7（2）所示。

(1) 披装饰叶布　　　　　　　　　(2) 确定叶子轮廓

图7-7

（3）缝制装饰叶：将叶子取下，在叶子的中间和边缘部位缝制装饰条，装饰条需要留出穿铜线的余量，并将铜线穿入其中。以上装饰条均要长出一些，使其自然散落下来，如图7-7（3）所示。

（4）装侧面装饰叶：将制作好的装饰叶固定在侧腰的位置上，制作中要注意调整同裙身的上下左右协调关系，直到满意为止，如图7-7（4）所示。

（5）装前装饰布：将前装饰布1、2、3分别固定在叶子造型下面的裙子上，三块面料要长于裙身并错落摆放，装饰布3长至拖地，以增加服装的层次感和节奏变化，如图7-7（5）所示。

(3) 缝制装饰叶

叶子边缘

叶子中间

(4) 装侧面装饰叶

装饰布1

装饰布3　装饰布2

(5) 装前身装饰布

左后装饰布

(6) 装左后装饰布

图7-7

(7) 装下摆装饰布

图7-7 肌理变化礼服缀装饰叶
与装饰布

（6）装左后装饰布：将左后侧装饰布固定左侧腰部装饰布位置上，根据造型作标记线，剪掉余料。修剪时装饰布要长于裙身，以增加服装的变化和层次感，同时注意装饰布同裙身的比例关系，如图7-7（6）所示。

（7）装下摆装饰布：将裙下摆装饰布固定在裙子上。在制作过程中，要注意调整同其他装饰物造型之间的大小比例关系，以保持作品的完美和整体视觉效果，如图7-7（7）所示。

7.整体效果与展开（图7-8）

（1）整体效果：观察整体效果，调整不合适的部分，直至满意为止，如图7-8（1）~（4）所示。

（2）样板结构：将样衣展成平面，圆顺各曲线，修剪缝份，做出裙子样板结构，（注：前装饰布3和下摆装饰布因布料太大，故拍摄样板结构时按两折四层摆放），如图7-8（5）、（6）所示。

(1)正面效果

(2)右侧效果

图7-8

(3)左侧效果   (4)背面效果

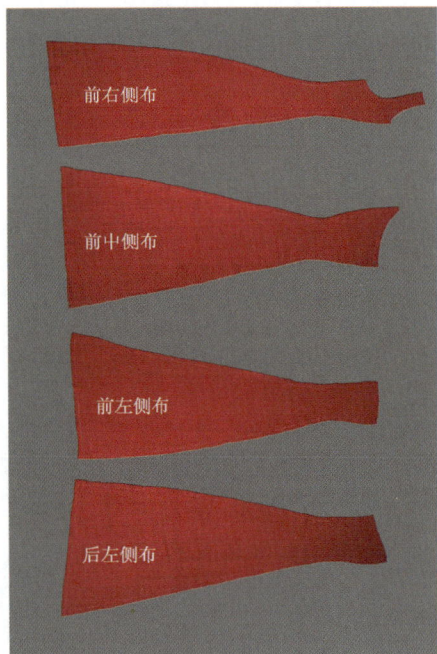
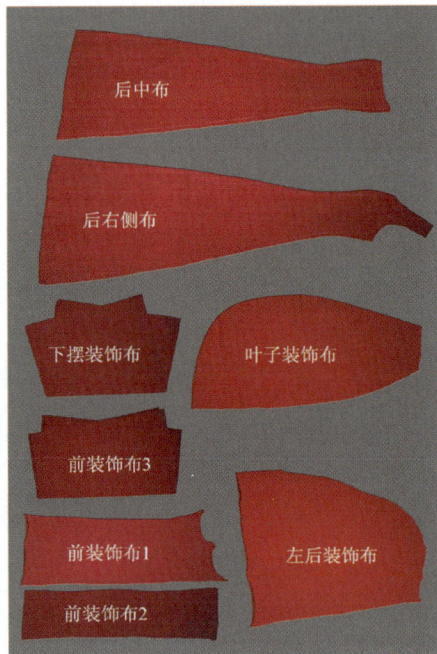

(5)样板结构1   (6)样板结构2

图7-8 肌理变化礼服整体效果与展开

第二节 装饰图案礼服立体造型

Three-dimensional Form of Ceremony Dress with Decorative Patterns

一、款式分析（图7-9）

本款礼服设计灵感来源于毕加索的绘画作品《镜前姑娘》，把这幅画转化为服装装饰图案应用在造型设计上面。将艺术设计基本造型的设计元素点、线、面运用在装饰图案的设计上，通过造型设计元素之间的对比与协调、明暗与虚实的变化达到艺术视觉效果。

服装款式由一件多层次 A 型直线裙和一件多功能外套式披肩组成。A 型直线裙是由七种不同形状的几何形衣片组合而成，整体造型形成多层次立体效果，同内在的平面几何形衣片以及夸张的装饰图案表现出现代的、有个性的服装风格，如图 7-9 所示。

二、学习要点

学习装饰图案在创意礼服中的设计与应用；掌握服装造型基本要素在服装上的具体体现；对服装整体风格的把握。

图7-9 装饰图案礼服款式图

三、制作步骤

1. 材料准备

（1）白布：前裙片 1 长 105cm、宽 66cm，前裙片 2、前裙片 3 长 105cm、宽 60cm，前裙片 4 长 105cm、宽 30cm；后裙片 1 长 105cm、宽 66cm，后裙片 2 长 105cm、宽 60cm，后裙片 3 长 105cm、宽 37cm；多功能外套披肩布长 164cm、宽 60cm；吊带布长 50cm、宽 50cm。按图标记好基准线，如图 7-10（1）所示。

（2）面辅料：面料为幅宽 145cm 的白色棉麻面料 4m，幅宽 145cm 的黑色棉麻面料 1.8m；黑色和白色羽毛若干。面料小样如图 7-10（2）所示。

2. 前后裙造型（图7-11）

（1）披前裙片 1、2：因款式左右不对称，故做整片身。分别将布料对合人台前中线与胸围线、腰围线、臀围线，固定，臀围预留松量。按设计线在布料上

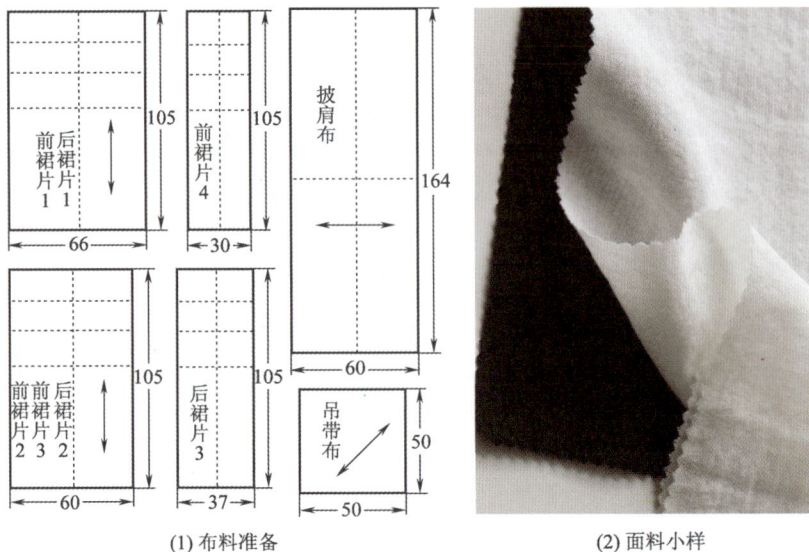

(1) 布料准备　　　　　　　　　　　　　(2) 面料小样

图7-10　装饰图案礼服布料准备

标记其轮廓形状，剪掉余料。在标记轮廓形状过程中，要注意整体造型为上部贴身、下摆略宽的 A 型，另外还要保持线条的顺直，以确保 A 型直线裙的造型特点，如图 7-11（1）所示。

（2）披前裙布片 3、4：方法同上，如图 7-11（2）所示。

（3）披后裙片 1：披后裙片 1 方法同上。为使后腰身平整帖服，按人体体型在腰部做省，然后理顺布料。标记轮廓，剪掉余料，如图 7-11（3）所示。

（4）披后裙片 2、3：方法同上，如图 7-11（4）所示。

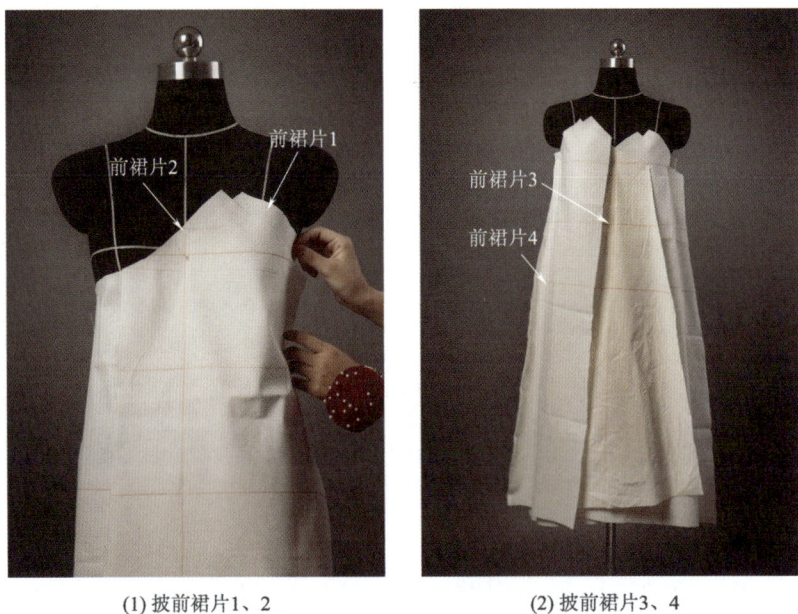

(1) 披前裙片1、2　　　　　　　　　　(2) 披前裙片3、4

图7-11

（5）前后裙左侧对合：将前后裙片在左侧缝处对合，要注意前后片胸、臀、腰等部位对准设计线。按设计线标记其轮廓形状，剪掉余料，如图7-11（5）所示。

（6）前后裙右侧对合：方法同上，如图7-11（6）所示。

（7）设计装饰图案：根据前裙片3的造型，取毕加索《镜前姑娘》这幅绘画作品的右半部，如图7-11（7）所示。

（8）绘制装饰图案：去掉绘画中的色彩，采用单色表现。将图绘制在前裙片3布料上，把前裙片4翻向后面，注意画面线条的流畅和完整，如图7-11（8）、（9）所示。

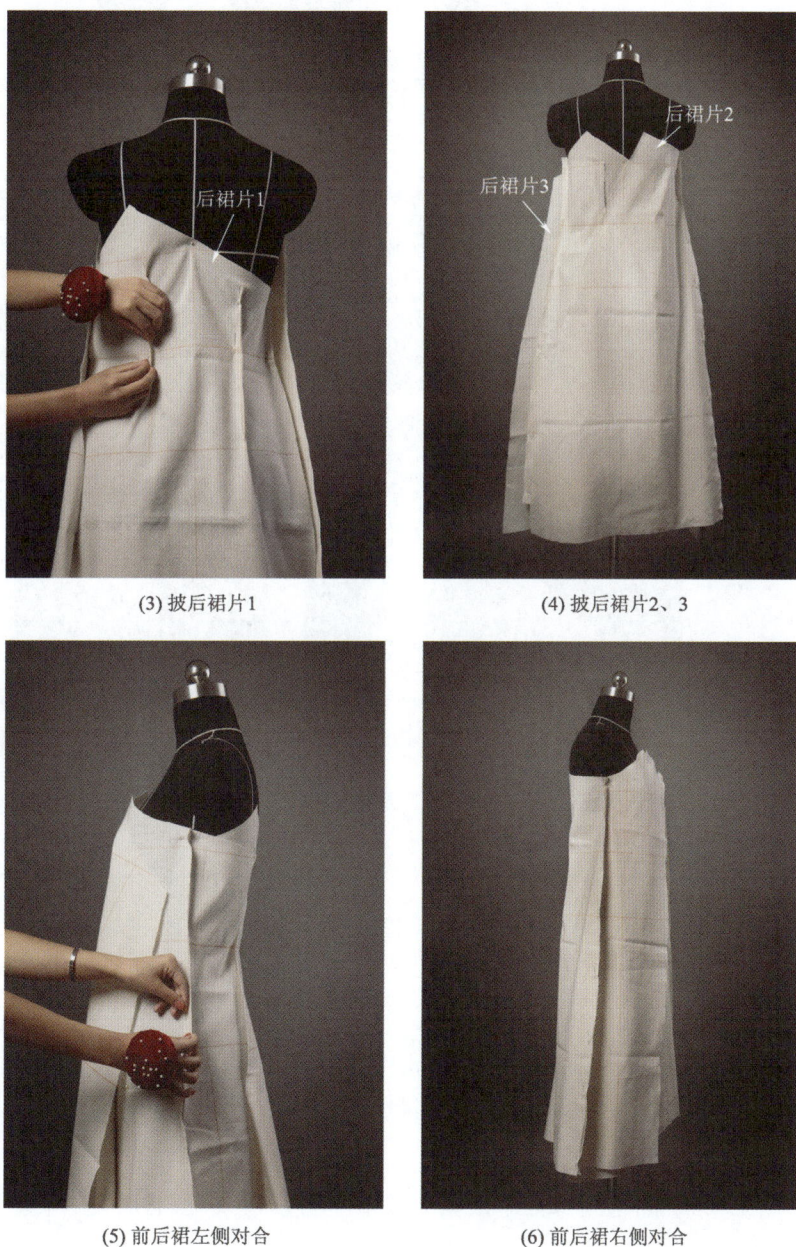

(3) 披后裙片1

(4) 披后裙片2、3

(5) 前后裙左侧对合

(6) 前后裙右侧对合

图7-11

(7) 设计装饰图案

(8) 绘制装饰图案

(9) 图案效果

图7-11　装饰图案礼服前后裙造型

3. 披肩造型及设计装饰图案（图7-12）

（1）披披肩布：因款式左右对称，故在此只做右半身。将布料对合前中线，由于此款为连身袖，同时需要对合前后肩缝，如图7-12（1）所示。

（2）剪开领口：根据款式标记肩颈点，沿着肩中缝剪至肩颈点，如图7-12（2）所示。

（3）缝合袖缝：标记披肩袖造型线，将前后披肩袖片对合，预留缝份，剪掉余料，如图7-12（3）所示。

（4）确定领口线：根据款式造型将领口线画圆顺，预留缝份，剪掉余料，如图7-12（4）所示。

（5）设计披肩装饰图案：同样将毕加索的这幅绘画作品，按1/2左右对半分开，然后上下对接延长画面，以符合披肩的长条形状。根据披肩的造型，将绘画作品用单色表现，绘制在衣片上。在绘制和设计过程中要注意点、线、面之间的大小、比例以及位置的均衡关系，如图7-12（5）所示。

4.缝制前身与披肩装饰图案（图7-13）

（1）缝制前身装饰图案：确定前裙片3的轮廓，加放缝份，制作样板。将

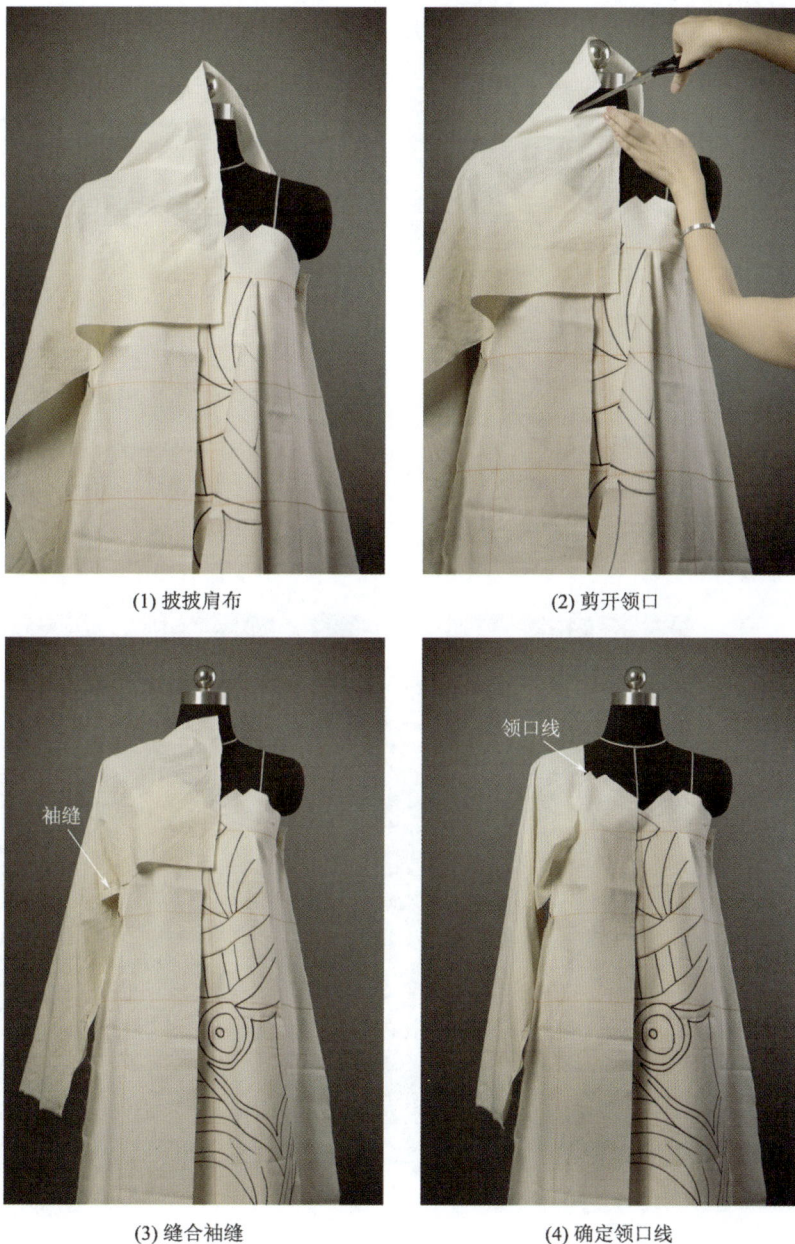

(1) 披披肩布

(2) 剪开领口

(3) 缝合袖缝

(4) 确定领口线

图7-12

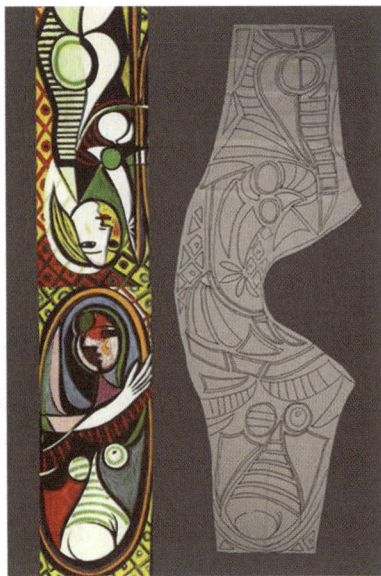

(5) 设计披肩装饰图案

图7-12 装饰图案礼服披肩造型及
图案设计

其轮廓拓印到黑色棉麻面料上，然后再将设计好的装饰纹样拓印到前裙片3布料上，采用白色棉线、手针拱缝（双线）缝制装饰纹样。注意行针均匀，线迹顺畅，如图7-13（1）所示。

（2）缝制前身羽毛：将白色羽毛缝制在衣片上端做装饰，如图7-13（2）所示。

（3）前裙图案效果：缝制完后，将前裙片3展开，从整体上观察调整不适合之处，以保持装饰图案的完美和整体艺术视觉效果，如图7-13（3）所示。

（4）缝制披肩装饰图案：确定披肩的轮廓，加放缝份，制作样板。将其轮廓拓印到黑色棉麻面料上，然后再将设计好的装饰纹样拓印到披肩布上，采用贴补和拱缝针法，用黑色和白色棉线将装饰纹样缝制在披肩上，注意行针均匀，线迹顺畅，如图7-13（4），最后将黑色羽毛缝制在领口边缘上所示。

（5）披肩图案效果：缝制完后，从整体上观察调整不适合之处，以保持整体艺术视觉效果，如图7-13（5）所示，然后缝合袖缝。

(1) 缝制前身装饰图案

(2) 缝制前身羽毛

图7-13

(3) 前裙图案效果

(4) 缝制披肩装饰图案

(5)披肩图案效果

图7-13　装饰图案礼服缝制装饰图案

5. 整体效果与样板结构（图7-14）

（1）前裙片1、2效果：将前裙片1、2样衣分别确定轮廓，加放缝份，制作样板。再将样板拓印到面料上，装到人台上观察效果。然后分别加上吊带，调整吊带长度，如图7-14（1）所示。

（2）后裙片1、2效果：方法同上，如图7-14（2）所示。

（3）前裙片3效果：将缝制好装饰图案的前裙片3装到人台上，观察效果。将后裙片1裙身左侧吊带与其对搭，调整吊带长度，直到长短适合，如图7-14（3）所示。

（4）前裙片4效果：将前裙片4裙装到人台上，观察效果。将前裙片1、前裙片2的左侧吊带绕颈与其对接，调整吊带长度，直到长短适合，如图7-14（4）所示。

（5）后裙效果：将后裙片样衣确定轮廓，加放缝份，制作样板。再将样板拓印到白色棉麻面料上，将黑色羽毛缝制在袖窿边缘。装到人台上观察效果，调整不适合之处，然后加上吊带，调整吊带长度，直到适合为止，如图7-14（5）所示。

（6）侧身效果：观察作品的不同角度所产生的效果，调整不适合之处，直到满意为止，如图7-14（6）所示。

（7）整体搭配效果：将裙身和披肩搭配在一起观察效果，根据披肩的多功能用处，可以有几种任意的搭配方法，其中图7-14（7）、（8）搭配成礼服款式，图7-14（9）搭配成外套款式。

（8）样板结构：将样衣展成平面，圆顺各曲线，修剪缝份，做出其样板结构，如图7-14（10）所示。

<table>
<tr><td>(1)前裙片1、2效果</td><td>(2)后裙片1、2效果</td><td>(3)前裙片3效果</td></tr>
</table>

图7-14

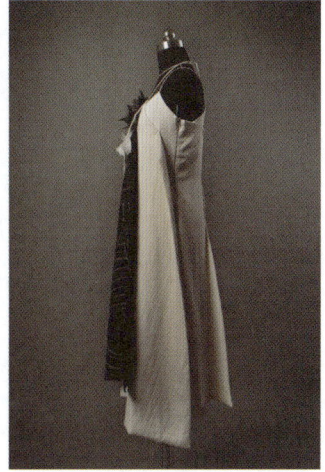

(4)前裙片4效果   (5)后裙效果   (6)侧身效果

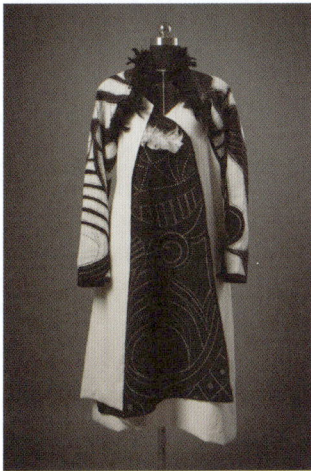

(7)整体搭配效果1   (8)整体搭配效果2   (9)整体搭配效果3

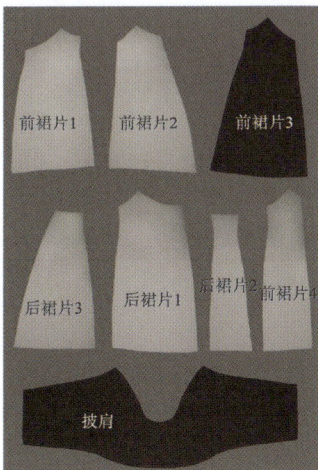

(10)样板结构

图7-14　装饰图案礼服整体效果与样板结构

第三节　塑料材质礼服立体造型
Plastic Materials of Threes Dimensional Style Evening Dress

一、款式分析

本款礼服为圆台型，突破传统礼服的设计思维，以结构设计和新型材质进行工艺装饰为重点。从材质上进行创新，运用塑料布和塑料编织绳进行创意，主体以中国葫芦图案、肚兜造型、大蓬裙为特点，裙子上采用塑料绳做的立体花饰组合作为装饰元素，增加了礼服的立体感与艺术表现性，如图7-15所示。

二、学习要点

掌握圆台型拖地礼服的造型特点；发挥创意思维，运用新型的塑料材质特点和图案设计；学习装饰花卉的设计与制作；掌握装饰细节与表现手法以及整体造型艺术。

图7-15　塑料材质礼服款式图

三、制作步骤

1.材料准备（图7-16）

（1）材料：前身里层塑料布长 47cm、宽 44cm；前身外层塑料布长 82cm、宽 55cm；后身里层塑料布长 43cm、宽 15cm；裙子塑料布长 170cm、宽 112cm 两块。标记基础线，如图 7-16（1）所示。

（2）面辅料：面料为幅宽 180cm、长 120cm 的塑料桌布 3 块。辅料为蓝色塑料卷绳 11 卷，蓝色水钻少许。面料小样如图 7-16（2）所示。

2.衣身里层造型（图7-17）

（1）披前身里层塑料布：根据塑料布图案的形状取弧线部分做胸部用料，并按其弧线剪出抹胸造型，如图 7-17（1）所示。

（2）制作省缝：按款式造型，配合图案，确定其轮廓，固定好。然后将多余部分做腋下省和腰省，注意要合体，如图 7-17（2）所示。

（3）披后身里层塑料布：利用塑料中的图案设计背部曲线，并标记出背部衣片的形状，如图 7-17（3）所示。

（4）制作后身：确定背部造型，剪掉余料，如图 7-17（4）所示。

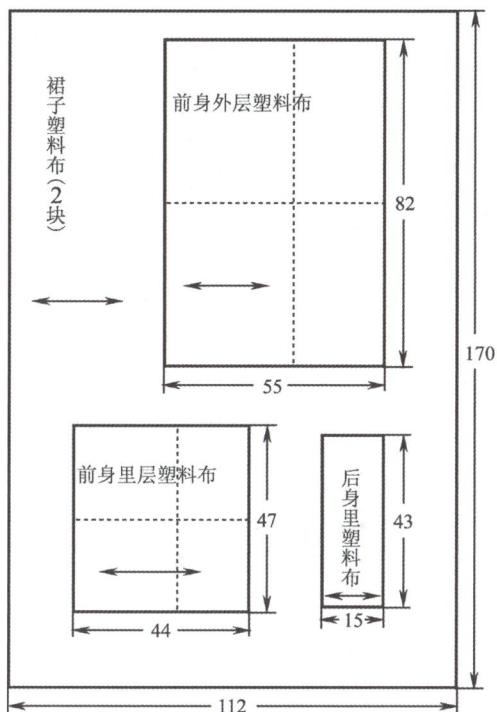

(1) 材料准备　　　　　　　　　(2) 面料小样

图7-16　塑料材质礼服材料准备

(1) 披前身里塑料布　　　　　　(2) 制作省缝

图7-17

(3) 披后身里塑料布　　　　　　(4) 制作后身

图7-17　塑料材质礼服衣身内层造型

3. 衣身外层造型（图7-18）

（1）披前身外层塑料布：将塑料布花边的一角在前中心对合，前身下面巧妙利用塑料布图案的形状剪裁成肚兜形，如图 7-18（1）所示。

（2）制作前身：将侧面多余的部分做侧缝省，使之合体美观，如图 7-18（2）所示。

（3）制作后身：将制作好的前身塑料布顺延到后身，调整成 V 字形，对搭固定，如图 7-18（3）所示。

(1) 披前身外层塑料布　　　　　　(2) 制作前身

图7-18

(3) 制作后身

图7-18　塑料材质礼服衣身表层造型

　　4. 前后裙造型（图7-19）

　　（1）裁剪裙片：按效果图设计裙片的长度，在塑料布上标记设计线，并剪出前后裙片，如图 7-19（1）所示。提示：裙子需要长 170cm，宽 112cm 塑料布两块。

　　（2）缝制裙片：在腰部按照腰围尺寸将多余部分做成前后两个对裥，并用布料做腰头与之缝合，如图 7-19（2）所示，开口设计在后腰中心处。

　　（3）固定裙子：先把有骨长裙撑装于人台上，再将做好的裙子穿于裙撑外面，并在腰围处固定。注意衣裙结合处的处理，使衣身覆盖在裙子上面，如图 7-19（3）所示。

　　（4）整理裙子：利用塑料布本身的花边图案作裙摆及前门襟的装饰图案，并使裙摆尽量展开，达到圆台型造型的需要，如图 7-19（4）所示。

　　5. 立体饰花制作（图7-20）

　　（1）制作饰花：把塑料绳剪成 160cm 长的若干段，并细心地将每条塑料绳展开成 2~3cm 宽的带状，反复折叠塑料带，形成花型，用订书机在一端固定（尾部），用这样的方法制作出大小不同的饰花，如图 7-20（1）所示。

　　（2）组合饰花：先将两个饰花的尾部固定在一起，再将它们与其他饰花的尾部进行固定，连成较大面积的饰花。组合时要有大小和形状变化（裙子上部的饰花较小，越往下越大），注意形式美感，如图 7-20（2）所示。

　　（3）固定饰花：组合成不同大小的饰花后，再一组一组地装到裙摆上，在固定每组饰花时，都要注意疏密和大小变化，如图 7-20（3）所示。

（4）调整饰花：将饰花进行整理，使其造型丰富饱满，强化整体的立体效果，如图7-20（4）所示。

(1) 裁剪裙片

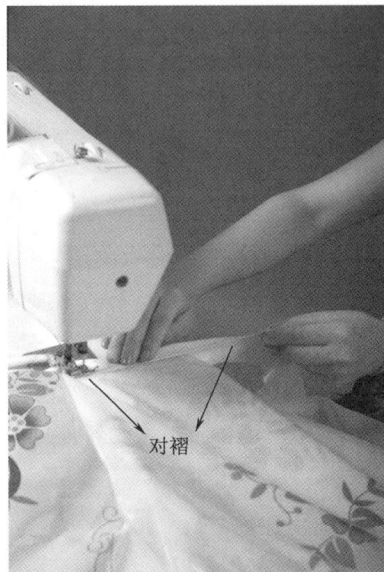

(2) 缝制裙片

对褶

(3) 固定裙子

(4) 整理裙子

图7-19 塑料材质礼服前后裙子造型

(1) 制作饰花

(2) 组合饰花

(3) 固定饰花

(4) 调整饰花

图7-20　塑料材质礼服立体饰花制作

6. 整体效果与样板结构（图7-21）

（1）局部装饰：将仿水晶亚克力沿肚兜的边缘点缀，从正中依次4个、3个、2个、1个，装饰好，使其效果更加闪亮、华丽，如图 7-21（1）所示。

（2）整体效果：搭配颜色、风格与服装相统一的项链。观察整体效果，调整不合适的部分，直至满意为止，如图 7-21（2）~（4）所示。

（3）样板结构：将样衣展成平面，圆顺各曲线，做出其样板结构，如图7-21（5）所示。

(1)局部装饰

(2)正面效果

(3)侧面效果

(4)背面效果

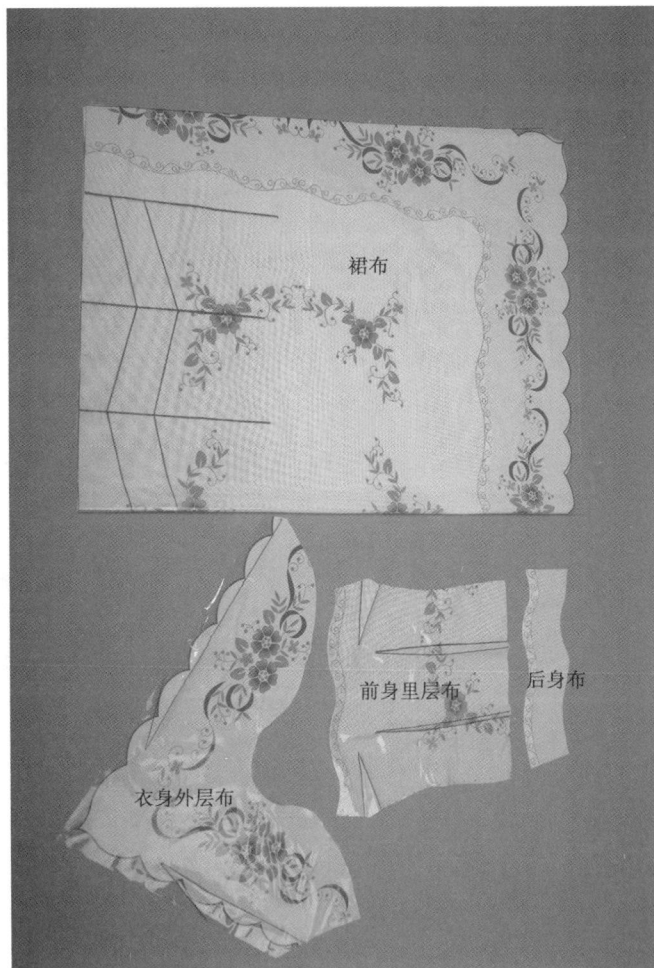

裙布

前身里层布　　后身布

衣身外层布

(5)样板结构

图7-21　塑料材质礼服整体效果样板结构

第八章 礼服配饰设计与造型
Design and Modeling of Ceremony Dress Adornments

礼服配饰是吸引人们目光的绝佳物品之一，比起昂贵的定制礼服，时尚闪亮配饰的巧妙使用会提升整体气质，达到完美的效果，璀璨的配饰搭配让礼服或晚装更耀目。礼服除了在款式和材料上变化之外，必然要借助配饰的更新与变化，来改变整个服饰的风格。为了更好地衬托礼服整体设计与造型，还要考虑与礼服搭配的头饰以及其他配饰设计，发挥饰品、妆面与发型不凡的塑造力。本章通过礼服配饰设计解析、头饰与首饰设计造型、化妆与发型设计造型三部分阐述礼服的配饰设计与整体搭配艺术。

第一节 礼服配饰设计解析
Analysis of Ceremony Dress Adornments Design

近年来，随着时装设计越来越趋向于简约风格，人们逐渐改变单独关注礼服的观念，把视线还转移到服饰配件上。服饰配件的分类方法有多种，按照不同的要求有不同的分类方法。按工艺方法分，有缝制型、编结型、模压型、锻造型、雕刻型、镶嵌型等；按材料特点分，有金属类、珠宝类、雕刻类、塑料类、陶瓷类、绒皮类、毛皮类、木类、贝壳类、珍珠宝石类、花草类、塑料类等；按装饰功能与效果分，有面饰、头饰、帽饰、首饰、包袋、鞋、腰带、手套、伞扇、领带、手帕、花饰品等。本书根据配饰的装饰功能与效果，将其概括为六大类，即头饰设计、首饰设计、手套设计、手袋设计、鞋子设计、腰带设计。

一、头饰设计解析（Head Dress Design Analysis）

搭配礼服的头饰种类繁多，如头纱、珠花、发卡、皇冠、花饰品、钻石、水晶、丝带、帽子等，五花八门。例如，婚礼服搭配中，小皇冠、丝带头饰适合优雅的盘发；钻石小发卡和小型皇冠以及一些珠花的头饰将给短发的新娘带来一份夺目的俏丽；至于狂野的卷发，则可以斜簪一朵鲜花。头饰也可以根据新娘礼服的式样和风格进行大胆创意，比如戴一顶大大帽子和短头纱以塑造一种别样高贵的拜占庭宫廷式风格。至于晚装的头饰搭配空间就更广阔了，各种天马行空的个性头饰，包括羽毛、珍珠、水晶、蝴蝶结、花朵造型等，都能让晚礼服整体的风采顿时倍增。因此，搭配礼服的头饰多突出装饰性，体现穿戴者的气质与风度。因此，礼服设计作品大都有较为典型、夸张、突出、强烈的头饰相搭配，装饰手法多样，装饰风格恰到好处，体现出头饰的风采和美感。设计与制作头饰时，应从整体上把握设计的规律和要素，顾大局又不忽视细节，强调局部又不脱离整体，使头饰的设计更为得体、完美、富有创造性。

（一）头饰设计原则

1. 头饰应与礼服风格相符

因为它们是一个整体，相互影响，相互制约。例如，20 世纪 30 年代初，欧洲女装造型细长、贴身，与之相配的是圆顶窄边的钟形小帽，平滑而又紧贴地戴在头部，在帽子的一侧饰有羽毛或花朵，使帽子和礼服形成一个整体，呈现出典型的淑女风格。

2. 头饰与礼服的配色讲究整体性和协调性

（1）同类色相配：指礼服与头饰以相同或相近的色相、明度或纯度的色彩搭配，在视觉上容易形成统一协调的感觉，但也容易产生单调感。

（2）同花色相配：指头饰的颜色选择礼服花色中某一的面积较大、色感较好的颜色搭配，整体感强，风格较活泼。

（3）色彩的强对比：这类搭配最好选择较为强烈的礼服特点，以礼服中某一色彩的对比色作为头饰的颜色，显得大胆、强烈。

（4）色彩的弱对比：突出柔和效果，虽是对比色，但色彩的明度、纯度反差不大，强调了女性的柔和感。

3. 头饰的材料和礼服尽量相一致，使礼服设计整体协调

在某些特殊的情况下，也可根据需要适当变化，如穿着礼服同时也可配草帽或麻帽，但必须保持风格一致。礼服的头饰造型一般较夸张，为了将头饰的造型定型或支撑起来，常用铁丝、竹蔑、塑胶管、皮革等材料作为支撑物，这就需要周密地考虑这些材料与礼服面料之间的关系，注意整体协调。

4. 头饰制作手法与装饰要考虑各个部位的整体关系

头饰设计要从实用功能、色彩、面料、造型等方面入手，同时要结合流行风格、时尚和社会风情等因素。头饰的制作根据设计要求，大致可分为模压法、定型法、编结法、裁剪法、装饰法等。

（1）模压法：原料采用毛毡，并将毛毡在模具上定型，定型后卷边缝制而成。

有的头饰经模压后再进行裁剪缝制，并装饰上花朵、丝带等物，效果较好。有的贝雷帽、卷边小礼帽就是用模压法制成的。

（2）定型法：指用塑料、橡胶等材料在特制的模具中定型而成，定型后在内附加衬里、支撑物。头盔多以此法制成。

（3）编结法：此方法在头饰的制作中尤为多见。编结材料有绳线、柳条、竹篾、麦秸、麻、草等经过处理的纤维材料。编结的方法很多，有整体编结或者局部编结后再加以缝合等。密集编结、镂空编结、双层及多层编结等造型独特、美观、实用。在编结的基础上还可以加饰花边、花朵、珠片、羽毛等物。这种方法流行甚广，经久不衰，很受人们的欢迎。

（4）裁剪法：是制帽方法中最为普遍采用的。按照设计要求，将面料裁剪成一定的形状，配上里料、辅料缝制而成。

（5）装饰法：是指在头饰基型上，适当地添加一些丝带、蝴蝶结、花朵、羽毛、面纱、草叶、毛皮、丝网、珠片、首饰等物，使头饰显得活泼、美丽、装饰性更强。

（二）头饰设计分类

1.头纱设计

头纱设计是婚礼服头饰设计最常见的装饰手法之一，头纱材料多为网格纱，并有长、中、短、单层、多层等类型。如图8-1（1）所示的拖尾头纱是最经典最受欢迎的头纱款式，高贵的造型适合多种礼服，从可爱的泡泡裙到合体的贴身裙，都能搭配。如图8-1（2）所示的褶皱式短头纱、图8-1（3）所示的包巾式头纱，头纱以其丰富多变的造型设计把礼服衬托得更添加雍容华贵，独具个性。头纱有鹅蛋形、方形等形状，遮脸的头纱一般都为方形，而短面纱和到手肘的面纱多为鹅蛋形，要根据自己的脸型和礼服的造型进行搭配。

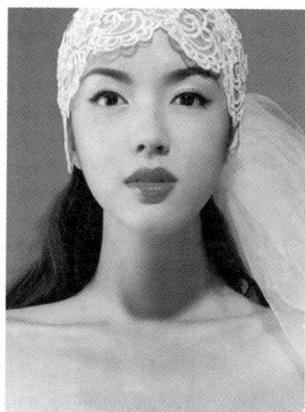

(1)　　　　　　　　　(2)　　　　　　　　　(3)

图8-1　头纱设计

2.帽饰设计

由各种材料制成的帽饰，重现19世纪初欧洲名媛们的优雅，面纱帽饰、羽毛帽饰、花朵帽饰等高贵创意的帽饰，更给礼服造型添加了一抹戏剧色彩。图8-2（1）~（3）是仿花卉制作的帽饰，配合不同材质，组合出浪漫、画意般的效果。图8-2（1）是当下流行的大朵头花头饰，大红的人造绢花表现出大气的视觉效果，可搭配黑色、红色长款中国元素礼服。图8-2（2）为人造花朵和羽毛混搭的头饰，像17世纪名媛的头饰，立刻为新娘添上了优雅复古的格调。这种新颖的头饰可搭配浪漫的花边礼服，浪漫而天真。图8-2（3）的头饰采用了花朵仿真设计，形象时尚，有创意，可搭配新潮的小礼服。图8-2（4）的灯饰般透明串珠制作的头饰具有未来感。图8-2（5）的头饰则采用了拿破仑时代军装帽的轮廓，让柔软的羽毛帽多了帅气的中性气质。图8-2（6）中，将鲜艳的热带花朵点缀在宽檐帽上，使造型多了几分海边度假风格的遐想。

(1)

(2)

(3)

(4)

(5)

(6)

图8-2　帽饰设计

3. 发箍设计

发箍是由大半圆形状的圈两边卡在耳朵后面，可以用布料或者塑料等材质制作。发箍或宽或窄，或闪亮或低调，或单色或斑斓，或夸张或复古，或条纹或圆点，不同材质与造型的发箍设计搭配不同风格的礼服产生截然不同的风格。常见的有鸟类羽毛发箍、蝴蝶结发箍、花朵发箍、水钻发箍等。如图8-3（1）所示是一种常见的珍珠发箍，戴在高耸自然的中长发上高贵无比。如图8-3（2）所示的发箍装饰以希腊风格为主题的银色叶子，清新自然。如图8-3（3）所示的一款创意发箍，小提琴与网纱造型朦胧而新奇。

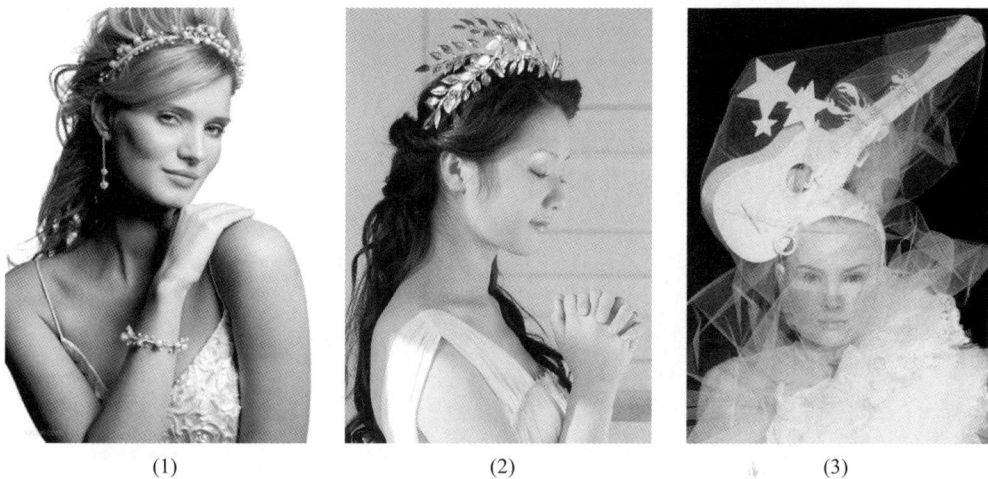

| (1) | (2) | (3) |

图8-3 发箍设计

4. 发链设计

发链造型类似项链，常有设计师直接把项链当成发链使用。如图8-4（1）所示，柔美的发链给礼服与晚装造型添加了妩媚的味道。如图8-4（2）所示为一条对称型串珠式发链，上面镶有晶莹剔透的水钻。图8-4（3）中，在串珠式发链两侧系上了用缎带制作的花饰，增添几分可爱。

5. 发梳/皇冠设计

发梳是发卡的一种，为薄梳型头饰。而皇冠上通常连接有发梳，所以将它们归为一类，一般是各色礼服和传统旗袍的配饰。图8-5（1）抛弃了以往的小皇冠发饰，由彩色的麻花辫盘在皇冠当中，的确很有新意。图8-5（2）中的模特儿头戴彩色立体金蝶发梳，如翩翩起舞的彩蝶，格外耀眼。图8-5（3）中的羽毛网纱发梳也是常见的头饰。

二、首饰设计解析（Jewelry Design Analysis）

首饰有狭义和广义之分。狭义的首饰专指那些用贵重原料（金、银、珠宝）

|(1)|(2)|(3)|

图8-4　发链设计

|(1)|(2)|(3)|

图8-5　发梳/皇冠设计

制造而成，用于装饰身体的保值装饰品；广义的首饰指那些材料以各种原料制成，用于美化人体各个部位的纯装饰品和实用装饰品。首饰的品种有耳饰、面饰、胸饰、颈饰、手饰、足饰等。所用原料有金、银、玻璃、水晶、珊瑚、珍珠、贝壳、玛瑙、大理石、陶土、宝石、象牙、黄铜、胡桃木、铁钢、合金、塑料、线、麻、竹编等。

（一）首饰造型及搭配

由于人体所佩戴首饰的各个部位的形体特征是以圆柱体较多，所以决定了首饰的外轮廓多为圆形或椭圆形。然而就造型手段和构成形式来说，首饰则是千变万化的。概括起来，首饰的造型有以下几个类别。

1.植物造型

自古以来，植物造型在首饰造型和构成形式中是较为普遍的，各个时期有着不同的时代特色。

2.动物造型

动物造型也是首饰造型中所常用的形式之一，如狮、虎、牛、马、羊及各种海贝、飞禽、花蝶、虫草等。

3.几何造型

在中外首饰设计中，可以说几何图案的运用最为普遍，无论是远古还是现代均是如此。首饰从原始人的一些简单、粗糙的不规则的几何形体，发展为能够利用相应材料的最佳折射面的多方位的图像和抽象的几何形体。

当今礼服和晚装搭配的首饰种类繁多，受到高级定制礼服和高级时装的影响，礼服和晚装的首饰配饰造型丰富、材质创新，具有较强的装饰性，因为搭配礼服和晚装的配饰使用寿命不长，所以礼服配饰经历了"装饰→装饰与保值→装饰与欣赏"的演变过程。长串金属项链有拉长身体线条的作用；夸张的金属宽手镯在各大品牌的秀场上大热，单独佩戴或者粗细结合多层叠戴也是不错的选择。此外，十字架造型装饰以及黑白搭配的首饰也是值得尝试的首饰单品。无论首饰档次的高与低，最重要的是整体性、配套性、系列性。礼服和晚装的首饰设计题材囊括了花卉、鸟、昆虫、海洋生物等动植物，还有雕塑、建筑、几何学、民族风等。今天，礼服和晚装与首饰结合得更加紧密，经典年轻化，工艺精致化，色彩与搭配突破陈规。材料创新，设计现代，佩戴奇特夸张的手工质感的首饰绝对让人过目不忘。

（二）首饰设计分类

1.项链/项圈设计

项链是由一条长链穿上各色珍珠、玉石等后，缠绕于项，也有配以搭扣、以方便摘取的短链。一般在项链下方还有精美的坠饰，以达到画龙点睛的效果。在众多的婚纱款式中，低胸礼服最能展示新娘的优美体型和良好体态，由于这一类礼服为了突出新娘的曲线美，往往在设计上比较简约，注重流线性，因此，与之相配的珠宝首饰，为了避免礼服的面料和颜色显得平庸，可佩戴比较醒目的项链，让项链成为造型的重点。项链的材质有金属、珠宝、贝壳、珍珠、水晶、玛瑙以及紫石英等。项圈一般是用金、银、铜等金属煅制的素圈，围在颈脖周围，相对于项链较短、较坚硬。

图8-6（1）的网状项圈大胆采用小铁片点缀与水晶石等其他新式材料结合，体现材质的新颖独特，这种特别设计可以避免单调的造型，能够拉长脖子的比例，让新娘看起来更加自信、大方。图8-6（2）以风格粗犷的链条结合金属片，搭

配闪亮细致的仿水晶元素，创作出脱俗亦撩人的项链，从大到小的形状设计衬托出冰川般的女人味，贴合锁骨位置的设计，带来小小的性感，夸张奢华的设计，搭配深 V 领或抹胸式礼服，尽显戏剧舞台风格。图 8-6（3）的彩色仿宝石项链配以复古的枣红色、紫色等礼服时，具有画龙点睛的效果。图 8-6（4）的项链吸收了当代艺术风格，如雕塑、建筑、几何学，将皮料、塑料、金属材质进行镂空设计，展示了轮廓简洁的未来主义，可以衬托晚装的独特风情，古灵精怪，充满奇思妙想。如图 8-6（5）所示的厚重首饰大肆盛行，当新娘穿着深 V 领的礼服时，可以佩戴长型珠串做多种变化。图 8-6（6）的项链结合现代浪漫前卫的柠黄色树脂材料，以不规则排列的自由姿态，特别适合短款清新自然的裸色系小礼服。

(1)

(2)

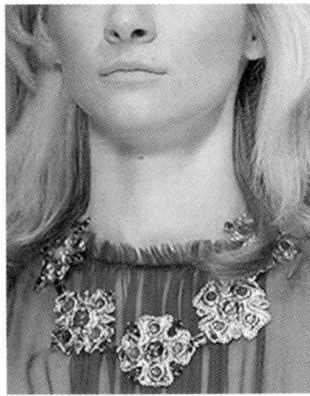
(3)

(4)

(5)

(6)

图8-6　项链/项圈设计

2.手链/手镯设计

手链是佩戴在手腕部位的链条，多用金属制造，也有矿石、水晶等制造。礼服和晚装一般都为无袖为主，对于露出的手臂，那些闪亮且层叠的高级珠宝或手工质感的手链或手镯就成为最重要的主角。璀璨的钻石手镯、多层次的手镯任取其一就能点缀出你别样的风情，所以，手链或手镯也作为主要的装饰物而备受欢迎。手镯是作为手腕或手臂的装饰物，对于有设计风格的小礼服或晚装都有很强的装饰性。制作手镯的材料有动物的骨头、牙齿，有石头、陶器等。不同的材料能塑造不同的造型效果，使礼服和晚装的风格更加突出。一般纯装饰用的手镯形式分为软、硬两种。软式可分链条式、铰链式等；硬式可分硬圈式、对开式和钳式等。搭配礼服的手链或手镯需要根据礼服和晚装的风格、色彩、面料质地等来选择。

如图8-7（1）所示的手链，巧妙地融合水晶、珍珠和闪亮的银链条等多种材料组合制作，既复古又时尚，是裸色的希腊式长款礼服的最佳搭配。如图8-7（2）所示的手链是由贝壳与水晶结合蕾丝面料制作而成。图8-7（3）为运用贝壳与塑料装饰在压褶装饰带制作的腕饰上，加强了材质的对比。如图8-7（4）所示的是彩色的塑料制品与金属架制作的手镯，可搭配与之色彩相呼应的糖果色系礼服或晚装。如图8-7（5）所示为银色金属与水晶制成的手镯，是欧洲感性设计与纽约摇滚时尚的完美结晶，可搭配黑色、银色等较中性或个性的礼服和晚装。如图8-7（6）所示为动物的骨头与金属制成的手镯，折射出热带的自然风，所以搭配非洲风格的礼服最出彩。

3.耳环/耳坠设计

耳环或耳坠是戴在耳朵的饰品，古代又称珥、珰，是礼服配饰中必备首饰之一。一副夺目的耳环是女士们穿着正装时必不可少的饰品。如果你是留着短发的女士，那么建议你在挑选、佩戴耳环时选择一款样式夺目的大耳环。无论怎样，耳环都会让女士增色不少。掩耳式新娘或晚装发型适合佩戴圈状耳环；露耳式发型适合垂吊式和圈状耳环；厚发的女性以选择夸张耳饰较好；头发薄的应选择小而轻盈的耳饰。耳环一般用金银制成，也可以由其他金属、塑胶、玻璃、宝石等

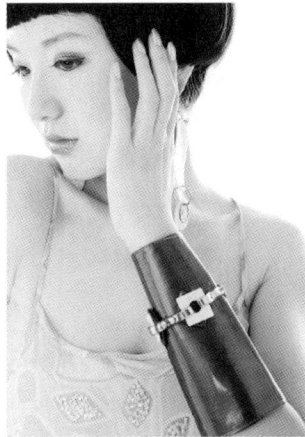

| (1) | (2) | (3) |

图8-7

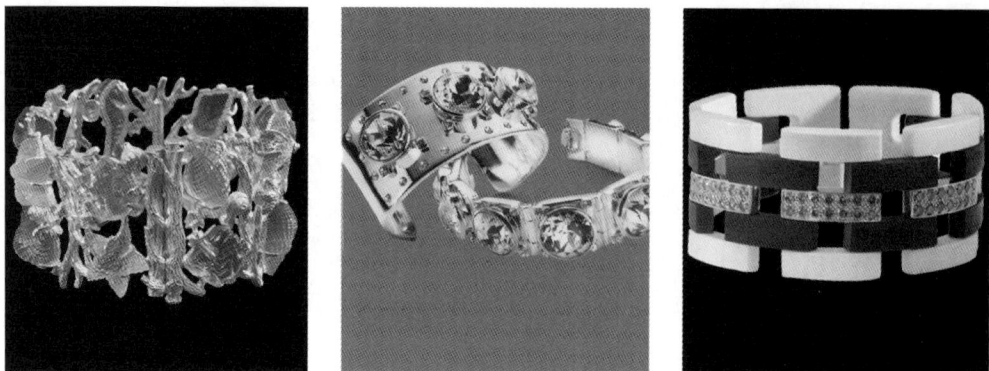

| (4) | (5) | (6) |

图8-7　手链/手镯设计

材料制成。现代还流行用塑料或大理石、陶瓷、石头、木等材料制成的耳饰，造型丰富，强调材料的新意。选择耳饰要注意材质、风格、色彩与礼服相配套。耳环/耳坠的佩戴方式通常有三种，即穿挂于耳孔、以簧片夹住耳垂或以螺丝钉固定。穿挂于耳孔的耳饰较常见，设计造型也更多样。如图8-8（1）所示的耳环是圈状的，比较适合现代而个性的晚装风格。如图8-8（2）所示的耳坠是垂吊式，悬挂珠玉镶成的坠饰，利用天然宝石和珍珠贝母营造出细致醉人的花朵美态，适合搭配较典雅隆重的长款礼服。图8-8（3）是挂钩式，由绳子编织成球作为装饰，适合中国风礼服。如图8-8(4)所示的耳钉简洁大气，适合简洁风格的短款小礼服。如图8-8（5）所示的耳坠使用金属链与木头的结合，塑造出极富民族感、怀旧、典雅的造型，较适合复古型长款礼服。如图8-8（6）所示的耳坠借助光泽夺目的仿水晶及光线折射的原理，营造出闪烁耀眼的效果，可以搭配清新悦目、充满玩味的小礼服。

4.系列设计

系列首饰包括项链、耳环、手链/手镯、戒指等。系列作品形式因素的协调性、匀称性是作品完整性、完美性的必要条件。其设计既要注意整套饰品的色彩、材料、造型手法的统一协调，又要注意与礼服款式、色彩、面料等相匹配。礼服系列首饰设计的艺术形式及其规律有以下三点。

第一，礼服首饰设计中的统一是指整套首饰之间构成形态及色彩统一。因为一套首饰是分布在身体的各个装饰部位的，所以在首饰的艺术形式和构成上如果缺乏统一感，就会显得凌乱无主。可以以一种元素为基点，各个部位予以呼应。例如，项链是由一系列的几何形体来构成的，那么在耳环、手镯、戒指等的构成中也需要有几何形体出现，但应注意穿插其他形体，否则，尽管在几何形体的大小和数量上有所区别，也会显得过于单调。系列首饰设计还应强调材料及雕琢工艺的统一。一般来说，整套首饰的材料和工艺应该是一致的，但常有同时选择两

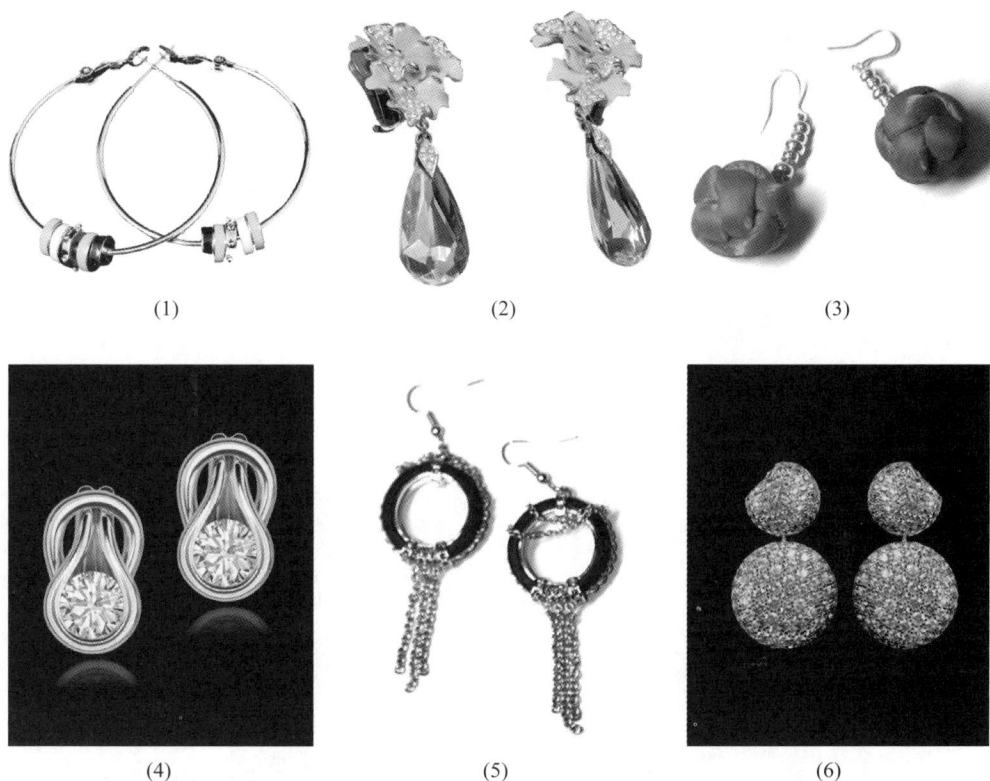

(1)	(2)	(3)
(4)	(5)	(6)

图8-8　耳环/耳坠设计

种或两种以上的材料，在这种情况下，就要特别注意其雕琢工艺和细节处理上的统一，以免有杂乱感。最后要注意整套首饰的装饰风格的统一。从外表上看，虽然项链、耳环及手镯的构成形态虽有所不同，然而在整套首饰的装饰风格上给人的感觉却是一致的。

第二，节奏是一切事物内在的最基本的运动形式，人们的生理起伏和旋转即为节奏。形式美给予人们形象的直觉，这种直觉主要体现为节奏，节奏能唤起人们的共鸣。礼服系列首饰设计中的节奏主要体现为直线或曲线的单向和双向的渐变，点、线、面的扩散，同一个形状的有规律的重复出现等。这些构成规律如果运用得恰当，能使首饰的造型产生一定的节奏感和韵律感，增强首饰的艺术价值。

第三，礼服的首饰通常比较夸张，即运用设计者丰富的想象力来扩大事物的特征，以加强表达效果。礼服的首饰往往为了追求醒目的特殊装饰效果，有时将一套首饰的其中一种进行夸张，使造型产生一种热烈、奔放的特殊感觉，但这种夸张不可随心所欲，以免影响礼服的表现而喧宾夺主，必须把握好分寸，以恰到好处为宜。因此，系列首饰在整体上要有统一的元素，并只能根据礼服的款式特征选择一处突出的亮点，其他作为搭配衬托。

如图8-9（1）所示，整套系列首饰巧妙地将东方元素与当代设计风格相融合，以黄金和蓝色小珠为材料，色彩艳丽，造型独特。系列首饰中的手镯和戒指都是全手工打造，线条流畅，极富动感；项链作为重点，蓝色流苏成为视觉焦点；耳坠采用简单大气的三个圆环组成，适宜与浅灰、浅蓝等色系的礼服搭配。如图8-9（2）所示的首饰以眼睛为设计元素，项链、耳坠、戒指和手镯形成很好的系列感，材料都由统一的金属与眼睛图案的陶瓷制作，此款陶瓷首饰将中国古典与欧式经典相结合，添加了现代都市元素，适宜多种礼服选用。如图8-9（3）所示的是玫瑰金和铂金的长项链与手链搭配，将典雅风情与文化韵味体现得淋漓尽致。

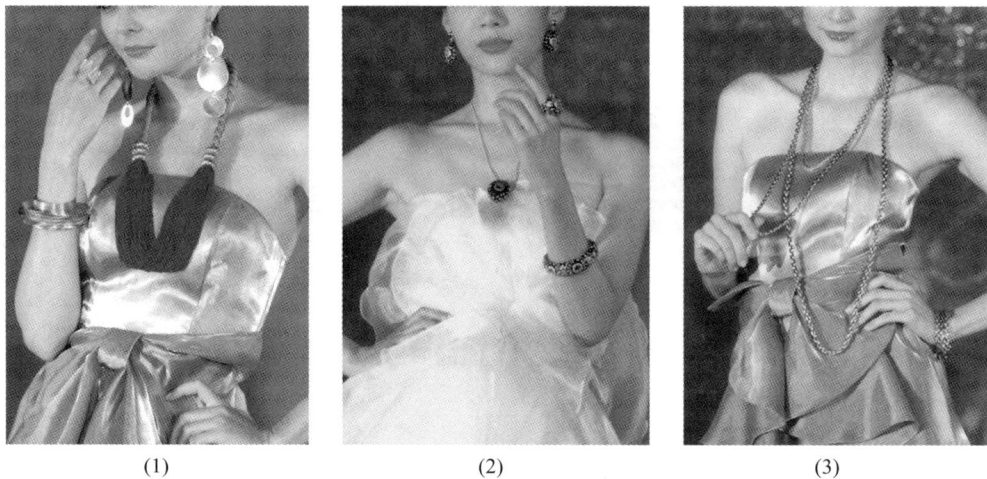

(1)   (2)   (3)

图8-9　系列设计

三、手套设计解析 (Gove Design Analysis)

国外有关手套的记载很多，有图文记载的最早的手套，可能是公元前14世纪埃及国王图坦卡蒙墓中出土的一副式样美观的手套。17世纪末，长及肘部的手套已经相当时髦，与其他饰物如阳伞、扇子等都是服装中不可缺少的组成部分。

手套是礼服配件中较容易忽视的配饰。其实手型漂亮的新娘戴上手套能增色不少。白色婚纱礼服可与白色丝网或白色羊皮的长手套相搭配；晚装可与手背有网状装饰、镶金黑丝的长手套或同色系短手套相配。选择手套的原则是与礼服协调统一，无论从款式、材质还是颜色上都要与礼服搭配。通过手套的衬托，可以使礼服整体效果更加完美。而且手套的风格还要与鞋、袖口等装饰风格一致。如果礼服是削肩式的，可以选择长手套，如图8-10（1）所示的蕾丝长手套。

如果是短袖或七分袖的礼服，则搭配短手套，才不会让手显短。如图8-10（2）所示的蕾丝露指手套，手指部留有开口，以便佩戴戒指，手套的腕部还有凸起的饰边装饰。还可以根据礼服颜色选择各色的天鹅绒中长手套，如图8-10（3）所示。

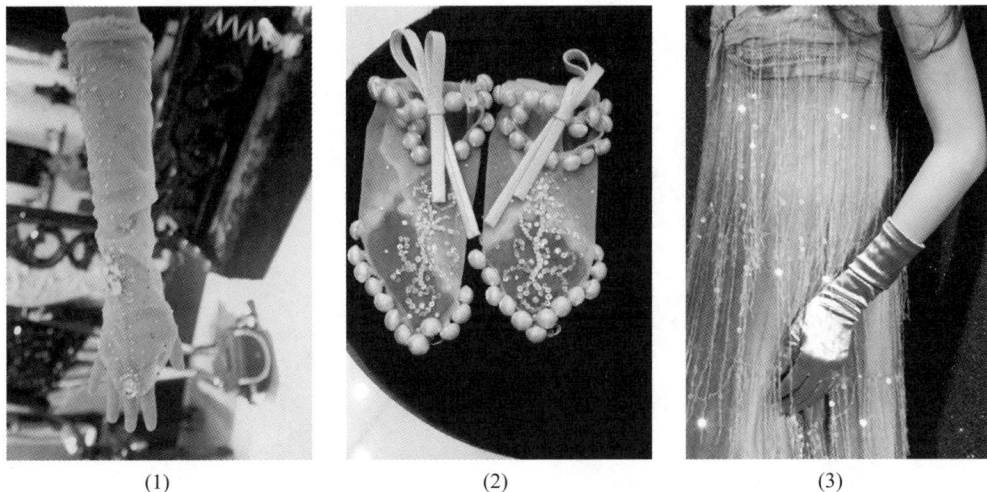

| (1) | (2) | (3) |

图8-10　手套设计

四、手袋设计解析 (Handbag Design Analysis)

　　制作精巧的手袋可为礼服增添色彩。现代手袋设计的思维广泛，由纺织品、皮革、绳草等制作的包袋饰品搭配礼服别有风情。也可以选择在包袋上作外部装饰，主要指表面的装饰处理，如刺绣、贴花、珠绣、盘花、镶嵌、印制图案、多层次堆叠、拼色、镂空、编结图案等。手袋的附件设计包括包扣、襻、纽、环、搭扣、锁、标牌、挂钩等物品。搭配礼服时，镶嵌有闪亮装饰的手包必不可少；带有光泽感的金色、银色、红色小提包最适合用来搭配婚礼服或晚礼服，轻巧地提在手上或挂在手腕，既高贵又华丽。

　　如图8-11（1）所示，在鳄鱼皮的信封包上装饰流行的黑色缎带蝴蝶结。图8-11（2）则在保龄球包上装饰粉红色的绢花。如图8-11（3）所示的手袋，在包盖上钉上水钻作为装饰。如图8-11（4）所示的晚装小包造型简洁，在方形的外形上点缀字母小钻装饰。如图8-11（5）所示的手袋，透明的塑料质感上面点缀着透明纱制作的装饰花，竹制手柄显得温婉文静。图8-11（6）所示的手袋，通过华丽的宝石和铆钉装饰，使整个手握小袋的气质焕然一新，搭配的链子可直接挂在手腕上作为装饰。

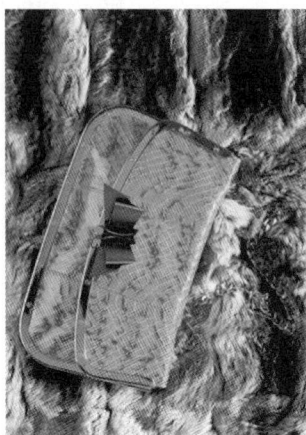

(1)　　　　　　　　　(2)　　　　　　　　　(3)

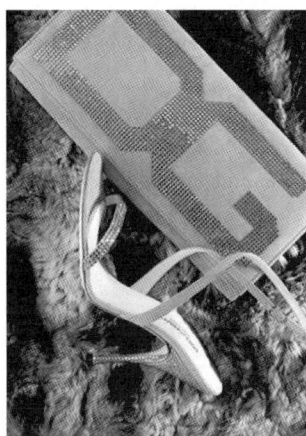

(4)　　　　　　　　　(5)　　　　　　　　　(6)

图8-11　手袋设计

五、鞋子设计解析 (Shoes Design Analysis)

搭配礼服的鞋子是不容忽略的重点，鞋子的造型总是以适合足形为基础的。不同的变化体现于鞋跟的高矮粗细，鞋型的宽窄尖圆，鞋舌的装饰，鞋筒的高低肥瘦，外加的饰物以及鞋附件的应用也会使鞋的造型产生新的风貌。鞋的设计重点在于以下几个方面的变化。

1.鞋底设计

鞋底指与足底部和地面接触的部分，造型从宽度、厚度和外形上加以设计。礼服鞋一般主要在于头部与跟部的造型变化。鞋头常有尖头、圆头、方头等基本造型，在基本造型的基础上根据流行程度可以加以变化。鞋跟造型有厚度与鞋跟的变化，如细而高的鞋跟讲究线条的挺拔和流畅，细而矮的鞋跟要求造型精致。鞋跟在造型上的变化十分丰富，也是设计的一个重要方面。

2.鞋帮与鞋筒设计

覆盖脚背和脚跟的部分称为鞋帮。鞋帮的设计是鞋子设计的重要部分，是体现款式风格的关键。结合鞋底头部的造型，鞋帮头部也有相应的尖头、圆头、方头以及扁头、高头、跷头等造型。鞋帮面的分割变化非常丰富，归纳起来有带条式、编织式、网面式、镂空式、拼接式、半遮式、全遮式等。

3.鞋的装饰

用于鞋的装饰多种多样，主要有丝带、花边、蝴蝶结、花朵、金银镶边、镶珠宝或人造珠宝、标牌、手工绣花、计算机绣花等。鞋的装饰视鞋的造型而设计，要装饰得适当，恰到好处，不可过于复杂烦琐。

4.鞋的附件

鞋的附件用于帮助完善鞋的设计，主要有各种扣、襻、带、气眼、拉链、松紧带等物品，有许多鞋款就是靠这些附件加以变化的。

与礼服搭配时，要选择适合的鞋子。在色彩的搭配上，穿婚纱的新娘应当以阳光圣洁的形象示人，白色的鞋配白色的婚纱是最常见，也是最经典的搭配，让新娘整体感觉清新纯洁。晚礼服则可依据礼服的颜色来搭配，黑色、珍珠灰色或有光泽感的鞋都不错。带有喜气的红色礼鞋如图8-12（1）所示，在鞋面上装饰上黑色缎带就能与图8-11（1）中的包包成为一系列。图8-12（2）为优雅的粉色单鞋加绢花。钉珠子银色凉鞋如图8-12（3）所示。晚宴鞋相对于礼服鞋要夸张些，可以在鞋跟上包金色皱纸，如图8-12（4）所示。在鞋面上镶嵌彩色水晶、装饰金属扣，如图8-12（5）所示。荧光流苏高跟凉鞋如图8-12（6）所示。时尚的木屐如图8-12（7）所示。网纱绑带细跟鞋如图8-12（8）所示。复古造型的天蓝色凉鞋如图8-12（9）所示，非常富有视觉冲击力。

(1)

(2)

(3)

图8-12

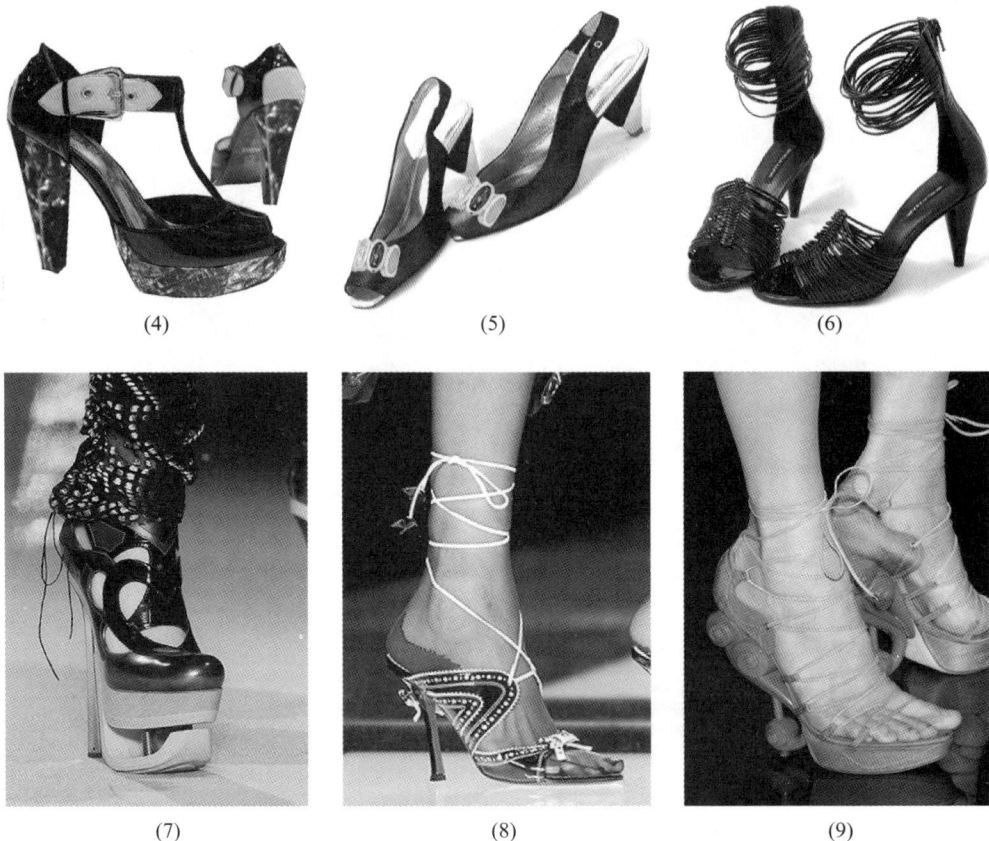

(4)　　　　　　　　　(5)　　　　　　　　　(6)

(7)　　　　　　　　　(8)　　　　　　　　　(9)

图8-12　鞋子设计

六、腰带设计解析 (Waistband Design Analysis)

古埃及的纳尔莫服装是用一块简单的布料缠身一周，绕过左肩打结固定，腰间由一条精巧别致的腰带系绑起来。这里所说的腰带十分重要，"因为，它很可能就是后来王室中流行的围腰饰物的原始雏形"（《世界服装史》第4页，布兰奇佩尼著）。礼服搭配一条漂亮的腰带能平添几分气质。图8-13（1）为粉色礼服搭配日式粉绿色蝴蝶结腰饰。图8-13（2）为合体的礼服装饰超大腰带和蝴蝶结的天鹅绒勋章带。图8-13（3）为黑色素缎的腰带，更体现了设计者反传统的突破。

总之，佩戴适宜的配饰，会给礼服增添魅力，使整体形象更加完美。礼服与配饰的搭配技巧，首先，要确定配饰与礼服的主辅之分。如果佩戴样式简单的饰品，则可以选择款式复杂的礼服；如果饰品的款式较为豪华，礼服的样式则以素雅为宜。其次，配饰要搭配脸型和身材。例如，身材娇小的新娘适合有个性、大胆的配饰；身材高大的新娘适合深色系且材质轻柔的配饰。再次，要以新的思维方式和创作手法给礼服增添新的气息和魅力。例如，另类的长项链可以用突破常规的方法佩戴，带来无限的新鲜感、时尚感；珍珠项链佩戴时可以选择多串型，也可以用单串组合型。

(1)   (2)   (3)

图8-13　腰带设计

第二节　头饰与首饰设计造型
Design Modeling of Head Dress and Jewelry

在对礼服配饰设计解析基础上，本节对配饰中的头饰与首饰部分进行重点介绍，通过两款头饰与首饰的设计制作实例分析，使读者一方面了解配饰的制作过程与方法，另一方面开发思路，自制或利用现成品二次设计配饰。在突出个性化的同时，更适应礼服的整体化要求。头饰与首饰设计要在选材和组合等方面有所创新，在外观、功能、工艺、肌理效果等方面有机结合。

一、羽毛与蝴蝶结组合（Combination of Feather and Bowknot）头饰设计造型

1.款式分析

本款头饰的特点是利用羽毛和其他材料（网、蝴蝶结、钻饰）进行组合，着重材料的创新运用，打破以往羽毛头饰的单调效果，产生突出可爱精灵的形象。适合与直身型或鱼尾型婚纱搭配，或者可以与孔雀蓝、孔雀绿以及紫罗兰色系的礼服搭配，头饰效果如图 8-14 所示。

图8-14　羽毛与蝴蝶结组合
头饰效果图

2.学习要点

根据设计的构成规律和美感运用，把握羽毛的长短与疏密的排列；学会打板，制作头饰底座以及镶嵌、缝制等工艺；基本具备发梳头饰的创造设计与制作能力。

3.制作过程（图8-15）

（1）准备材料：孔雀羽毛、鸟羽毛、镶钻装饰环、发梳、网、蝴蝶结、划粉、剪刀、纸、线等，如图8-15（1）所示。

（2）底座制板：设计长10cm、宽8cm的桃形底座，并制板裁剪，如图8-15（2）所示。在底座的圆头一边的中央剪4cm长的刀口，然后重叠黏合，使其呈凹状，更贴合头型，如图8-15（3）所示。将黑色布对折，沿着样板裁剪布料，留出1厘米的缝份，如图8-15（4）所示。

（3）缝制底座：在布料的反面，与底座样板4cm折叠对应的地方，上下两层分别缝合4cm长的省道，如图8-15（5）所示。然后把样板夹在两层布中间当衬里，车缝或手缝底座外轮廓。注意将小发梳也夹缝上（这样可直接固定在头发上），翻转底座，使正面朝外，如图8-15（6）所示。

（4）装饰底座：修剪不同大小的鸟羽毛，如图8-15（7）所示。将修剪的鸟羽毛用胶水一片一片整齐地粘在底座的前面（尖形部分），如图8-15（8）所示。

(1) 准备材料

(2) 底座制板

(3) 剪刀口

(4) 裁剪布料

图8-15

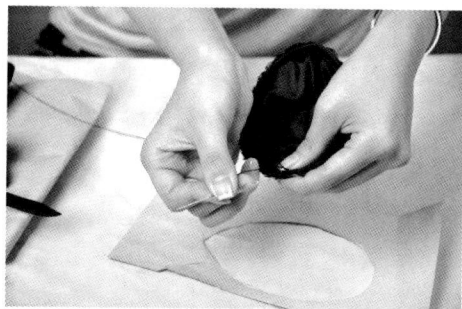
(5) 缝合省道

(6) 缝制底座

(7) 修剪羽毛

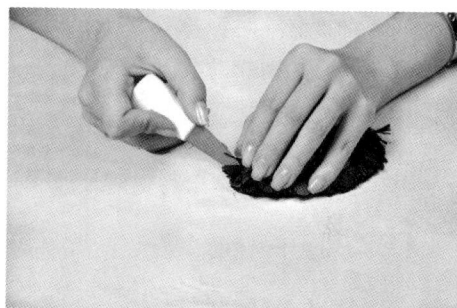
(8) 装饰底座

(9) 缝制蝴蝶结

(10) 装饰蝴蝶结

(11) 上下缝合

(12) 完成头饰

图8-15

（5）装饰部分：缝制一个蝴蝶结，最好选择带有光泽、硬挺、轻薄的布料，如图8-15（9）所示。把孔雀羽毛按长短依次排列好，用胶水一层层地粘在蝴蝶结背面，在蝴蝶结的正面中间挤上玻璃胶，等到半干时粘上漂亮的装饰水钻，最后用针线缝合加固，如图8-15（10）所示。

（6）上下缝合：先把蓝色的装饰网钉在蝴蝶结与羽毛之间，然后把装饰部分与底座进行黏合(底座要外露约1/2)，等全干后，用针线再一次固定，如图8-15(11)所示。为了使成品挺拔坚固，必须选用牢固的玻璃胶或饰品专用胶。最后在针线迹明显的地方用胶粘上羽毛，隐藏线迹，完成头饰，如图8-15（12）所示。

（7）整体效果：发梳别于头发或发髻上，观察整体效果，调整孔雀羽毛的形状，直到满意为止，如图8-15（13）所示。

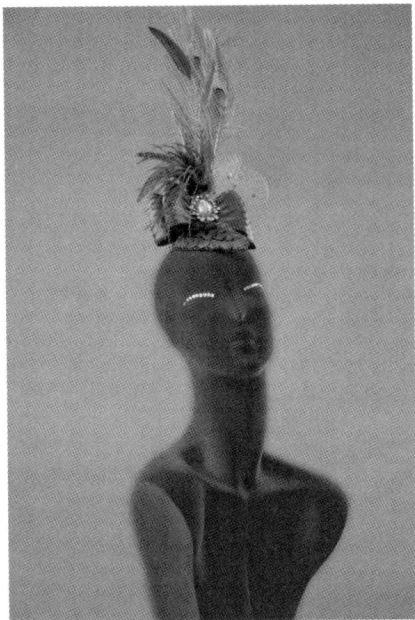

(13)整体效果

图8-15　羽毛与蝴蝶结组合头饰制作

二、网花头饰与立领颈饰（Net Head Dress And Stand Collar Neckband）设计造型

1.款式分析

本系列饰品的特点是着重发挥塑料材质的特性，利用塑料材质硬挺与光泽度高的特点，制作别致的中式立领颈饰，通过水钻装饰增加其闪光度。帽饰上的褶皱花边的肌理感丰富了装饰的造型。这样的组合软中有硬、柔中有刚，造型别致，活泼动人，适合与抹胸式礼服或白色直身型婚纱相搭配，如图8-16所示。

2.学习要点

掌握塑料材质的特性、肌理效果，充分发挥出材料的优势，将配饰的美感最有效地展示出来；发挥压褶花边材料本身肌理和特性，通过手工加工开发材料的可塑性；学会领饰的打板、缝制、烫钻、再塑型等基本操作方法。

3.制作过程（图8-17）

（1）准备材料：塑料薄膜、黑纱、蕾丝、压褶花边、缎带、纽扣、小钻、银钗、尖嘴钳、镊子、胶水、黑线、铁丝、剪刀等，如图8-17（1）所示。

（2）制作帽子底座：设计帽饰底座大小，裁一个直径为10cm的圆形纸样，根据样板裁剪塑料薄膜与黑纱，如图8-17（2）所示。在圆中剪5cm的开口，使其两侧重叠，形成凹度适合头部的弧度。然后使黑纱

图8-16　网花头饰与立领颈饰效果图

包住薄膜车缝，并在背面缝上发梳以方便佩戴，如图8-17（3）所示。在底座边缘粘上小钻进行装饰，见图8-17（4）所示。

（3）制作帽饰：利用压褶花边本身的质地与纹理，再施以技巧进行变化，使其在视觉与触觉上赋有新意。将铁丝穿入压褶花边，然后用针线进行手缝固定，如图8-17（5）所示。把穿有铁丝的压褶花边与塑料薄膜的帽座手缝固定，如图8-17（6）所示。然后调整压褶花边的铁丝形状，形成美观的螺旋形，完成帽饰如图8-17（7）所示。

（4）颈饰打板：设计一款中式立领，先用纸板在人台上进行立体打板，根据样板裁剪薄膜与黑纱，如图8-17（8）所示。

（5）缝合颈饰：因为颈饰的弯度太大，不容易用缝纫机缝合，应先将对应薄膜与黑纱的边缘缝合，再将每个裁片需要连接的边缘在缝纫机上进行空踩一遍留下针眼，保持针距一致。然后，再把相邻两片缝合，注意在缝合时针距不要太密，以防造成塑料折断，如图8-17（9）所示。用剪刀把所有的边缝修剪整齐，如图8-17（10）所示。将纽扣缝到后开口处，如图8-17（11）所示。

（6）装饰颈饰：颈饰的缝边处用胶水粘上小钻，如图8-17（12）所示。用钳子折断一支现成的银钗，如图8-17（13）所示。然后在颈饰前领角处用剪刀或钉子戳两个小洞，被剪短的银钗穿过两个洞用钳子使之相互交叉固定，如图8-17（14）所示。在做好的颈饰前面钉上透明的方形水钻作为装饰，注意水钻排列的形式美，此颈圈正面小钻的设计呈放射状，方形水钻间隔点缀其间，如图8-17（15）所示。完成颈饰，如图8-17（16）所示。

（7）整体效果：调整颈饰位置与帽饰形状，头饰上的铁丝可以任意造型，观察整体效果，调整其高度与旋转的形状，直到满意为止，如图8-17（17）所示。

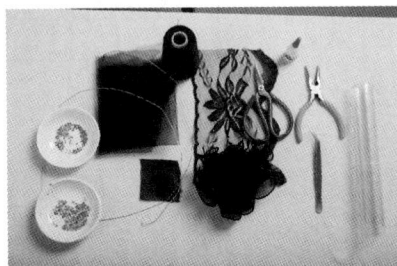

(1)准备材料

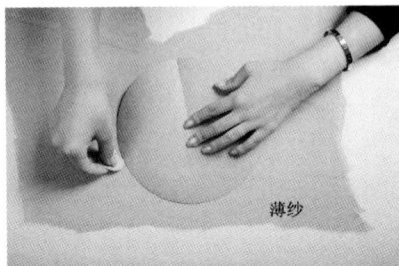

(2)裁剪样板

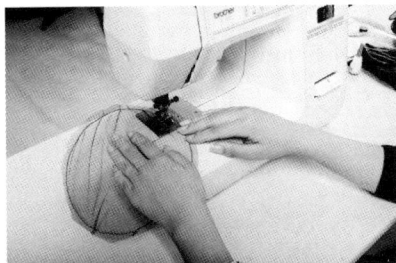

(3)缝制帽子底座

(4)底座边缘装饰

(5)花边穿铁丝

(6)固定花边与帽座

(7)完成帽饰

图8-17

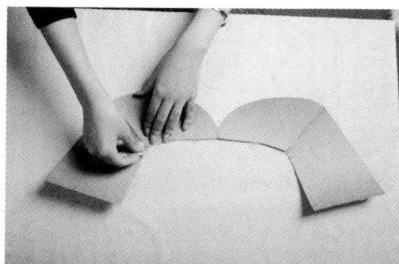
(8)颈饰打板

(9)缝合颈饰

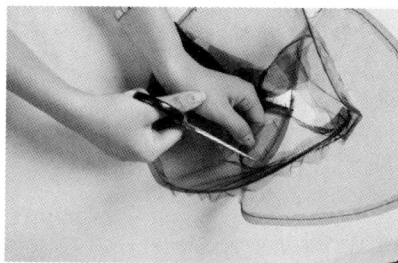
(10)修剪边缝

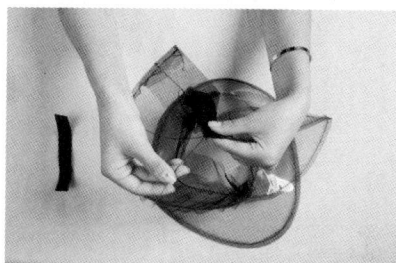
(11)缝纽扣

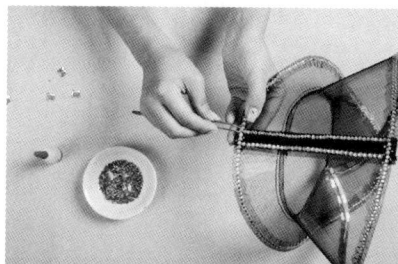
(12)粘小钻

(13)折断银钗

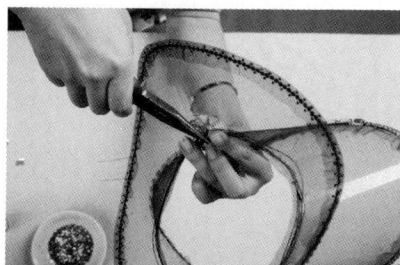
(14)固定银钗

(15)固定水钻

(16)完成颈饰

图8-17

(17) 整体效果

图8-17　网花头饰与立领颈饰制作

第三节　化妆与发型设计造型
Design Modeling of Make-up and Hairstyle

化妆与发型作为创造美的方式，从原始社会起便被世人所接纳与推崇，并随着社会进步与习俗的演变被赋予更深刻的审美内涵。其既能给人们带来一种得体、和谐、自然的崭新形象，还能配合各种礼服展示其风貌和素养。本节通过对化妆与发型设计解析以及对两个典型化妆与发型设计造型实例的讲解，使读者进一步了解化妆与发型知识，并能配合不同礼服选择适合的妆容与发型，达到与整体造型的协调统一。

一、化妆与发型设计解析 (Make-up and Hairstyle Design Analysis)

1.新娘妆（Bride's Make-up）的化妆与发型

为了迎合现场的喜庆气氛，新娘在化妆上强调红唇和干净的眼影。由于在宴席上人们是近距离欣赏新娘，所以妆容的质感和精细非常重要。化妆要求干净、持久、喜庆、甜美，高贵的发型以及柔和、闪亮、别致的头花为成为造型的亮点。

如图 8-18（1）所示的"零妆效感"，新娘妆容强调自然之美，最后在唇部增加一些水润的红色，提升好气色；桃色或粉色的珠光腮红让气氛不再沉闷；发型采用大气的包发结构，将整个发丝扎马尾，剩下发尾做前刘海的结构卷筒，最终打造出大气饱满的椭圆造型，并用精致的花饰点缀。如图8-18（2）所示的新娘妆，柔润细腻的亚光肤质、精巧飞扬的眼线、金色与橙色相间的眼影搭配突出整个重点，唇色润泽而富金属感；发型采用中分刘海，简单的发髻配上复古的发链，立显出高贵品质的华丽感。如图8-18（3）所示的裸妆设计，不仅能够将肌肤的完美质地充分表现出来，也是表达新娘柔美和亲切感的最佳语言，精心打造而不露痕迹的清雅风格正是新娘脱俗个性的完美体现，统一色调的豆沙色唇彩更显亮丽迷人；发型是通过波纹夹的中长发。

(1)　　　　　　　　　(2)　　　　　　　　　(3)

图8-18　新娘妆的化妆与发型

2. 摄影新娘妆（Bride's Make-up For Photography）的化妆与发型

摄影新娘妆在专业灯光下和专业镜头前拍摄。由于摄影棚里有阴暗之分，所以可以把新娘五官轮廓塑造得较为清晰立体。摄影婚纱照讲究个性，在妆面上更讲究特色，因此会添加些创意元素，如金色新娘、冷艳新娘、拜占庭宫廷风格等。如图8-19（1）中精致的盘发以及用水钻点缀的金色妆容，高调奢华，而妆面粉底色彩淡雅，鲜艳明快的糖果色彩让双唇看起来丰满柔润，展现出一种迷人的效果。如图8-19（2）所示的夸张、浪漫的艺术风格妆，也是非常有创意的，比如有宫廷复古感的大波浪麻花辫，更注重眼线的精致打造，甚至可以尝试使用白色眼线来增加双眸的妩媚神采。如图8-19（3）所示的高级的银灰眼影、浮华的粉红面庞和玫瑰花瓣般的双唇，是对洛可可风格的最佳诠释，蓬松的盘发，银色的配饰，打造出精灵般的美感。

3. 经典晚宴（Classical Evening Dress）的化妆与发型

图8-20（1）中低调的色彩，细腻而不矫饰，带有温润珠光的灰、棕、粉、橙色眼影打造出更为精致立体的眼妆效果，用细致的光泽感提亮眼部的光彩，脸部的暖棕色调令肌肤呈现幸福光晕；干净的盘发加精巧的网纱头饰彰显高贵气质。

（1）　　　　　　　　　　　（2）　　　　　　　　　　　（3）

图8-19　摄影新娘妆的化妆与发型

图 8-20（2）中粉紫色眼影与珊瑚紫的唇彩是此妆容的重点，飞扬的假睫毛能拉长眼形，更有童话公主的效果，配以干净的长发马尾，清秀诱人。图 8-20（3）以丰富的蓝、紫色彩的眼影完美组合运用在新娘的妆容中，发型做成三个大发卷装饰精美的发链，更显妩媚。

（1）　　　　　　　　　　　（2）　　　　　　　　　　　（3）

图8-20　经典晚宴的化妆与发型

4.中国风（Chinese Style）的化妆与发型

流畅的线条、单纯的用色，中国古典元素早已被流行舞台运用得淋漓尽致。在新娘妆中，可以用写意的手法尽情展现东方美韵。图 8-21（1）中，用黑色眼线代替眼影，剪纸造型装饰眉毛，复古的大麻花盘发。图 8-21（2）在妆容中用黑色眼线拉长眼尾，眼角处画波纹图案的妆容，红色竹签和小戳刘海都展现出中国古典韵致。图 8-22（3）中，自然的眉毛，光影效果的眼影与胭脂，红色的双唇要勾勒出精致的轮廓，尝试深红色的唇线会有惊艳的效果，简单的发髻配大朵花的红色透明纱的头饰高贵靓丽。

(1)　　　　　　　　　　(2)　　　　　　　　　　(3)

图8-21　中国风的化妆与发型

5.仿生晚妆（Bionic Evening Dress）**的化妆与发型**

仿生学就是模仿生物的科学。仿生晚妆的特点就是模拟自然界,如花、虫、鱼、鸟等自然形态与特征。烟熏魅惑的眼妆可以创造无法抗拒的魅力，亮黄色、粉桃红色、鲜紫色、橘红色、紫色、孔雀绿色等高饱和的色调与光泽，恣意玩弄色彩、光感与线条的魔法，打造出专属于晚妆的个性魅力妆。如图 8-22（1）所示，金色加粉紫色小烟熏眼影打造出精灵般的可爱。如图 8-22（2）所示为神秘而高贵的紫色烟熏妆，更赋予新娘爱意浓浓的温暖情怀，让丁香花般的紫色在光线中微妙变幻，仿佛沐浴在彩虹中，令双眸更动人。图 8-22（3）为黑灰色上扬的烟熏眼妆搭配鲜艳饱和的橙色胭脂与唇色，让时尚小魔女变身为个性甜心。

(1)　　　　　　　　　　(2)　　　　　　　　　　(3)

图8-22　仿生晚妆的化妆与发型

二、化妆与发型制作的基本要点

1.化妆的基本要点

（1）净面：用卸妆剂及洗面奶，彻底清洁面部皮肤。

（2）护肤：喷洒收敛性化妆水，拍于面部及颈部，使皮肤吸收。涂营养霜或奶液，进行简单的皮肤按摩，使血液循环加快，增强化妆品与皮肤的亲和性。

（3）修眉：新娘应在日前将眉形修好。如果日前没有修整，应用剃刀修饰而不用眉钳，避免局部产生刺激现象。

（4）脸型修饰：打粉底时，发际、唇部、鼻角、嘴角、脖子等处应均匀擦拭。粉底颜色可比肤色稍浅一点，但不可太白，以粉红色为佳。深色粉底具修饰脸型的作用，脸型方或宽的女性，可将深色粉膏涂抹于脸颊两旁，脸型较长者可着重涂抹于额头及下巴处。

（5）蜜粉：先以粉饼轻轻薄薄施一层，再以透明蜜粉轻轻按上一层，使粉底固定。蜜粉可选择透明感较好的，使脸部看起来更亮。

（6）瑕疵修饰：浅色粉底擦拭于黑眼圈及额头处可加强脸部的明亮度，使五官更立体。对于斑点、疤痕、鼻梁阴影，均要细心修饰。想要遮盖黑眼圈或黑斑时，先用遮斑膏轻轻点在欲遮盖处，再用粉扑抹匀即可。

（7）眉毛：画出柔和自然的眉形，并以眉刷刷匀，亦可以刷上少许与发色相近的眼影粉。

（8）眼部修饰：眼皮不明显或一单一双者可用专用胶纸修饰。

（9）眼影：表现柔美及立体感。眼影可选择较喜气的粉红、紫色、蓝色等色系，皮肤较黑的女性用橘红色、金色、咖啡色系，使五官看起来更柔和。

（10）眼线：先用眼线笔描，为了使眼影不易脱妆且更具立体感，可用眼线液再描一次。

（11）睫毛：夹翘，刷翘，再戴上自然型的假睫毛，使眼睛更立体。

（12）唇部：先用唇线笔描出唇形，再涂上唇膏，涂满唇膏后用消毒纸巾吸去唇表面上浮色,抹上一点儿透明粉饼,然后再涂一层唇膏,使唇色滋润而且耐久。最后可上一层亮光唇油，使嘴唇看起来娇艳欲滴。唇膏颜色依女性的肤色、唇形而定，皮肤白者，可选用鲜红色、玫瑰红色；肤色黑者或嘴型大者，则不宜浅色唇膏。

（13）腮红：刷上少许腮红，并以余粉修饰脸型，使新娘妆更柔和且喜气。腮红则沿着颧骨往下画，脸型长者，往鼻中方向画；脸型短者，往嘴角方向画。

（14）定妆：化好妆后一定要抹上一层透明粉饼定妆，可以使化好的妆持久清新。

2.发型的制作要点

婚礼与晚装的发型主要以盘发为主，手法上主要运用拧包、发髻、卷筒、辫式以及与卷发设计相结合。

（1）包发结构：将整个发丝扎马尾，剩下发尾做结构卷筒，最终组合出大方饱满的椭圆造型，可以点缀精致的钻饰。

（2）复古盘发：辫式的头发能让发型结构更加精致古典，也可选择外翻卷筒做出侧区的纹理结构，并配合宫廷的帽饰或者花材。

（3）半盘发：蓬松而有束感的顶部头发及刘海，搭配粗麻花和韩式编发增加灵动感，犹如邻家女孩般柔美可人。制作要点是用手将顶部头发抓出蓬松效果及一定的高度，才能避免俗套，提升优雅别致感。

（4）宫廷盘发：头顶区头发要处理饱满，配合宫廷的帽饰或者花材。

（5）蓬松盘发：发丝通过波纹夹，将里面的头发刷毛，处理成蓬蓬头，余发用黑发夹夹在脑后。将根部削发，顶区做饱满后，将表层发丝烫卷。用梳子轻轻提拉顶部头发，以突出蓬松饱满的弧度，最后配合头饰组合出浪漫、画意般的效果，整体要注意乱中有序。

（6）卷发盘发：垂顺而富有流动感的斜刘海，妩媚的卷发凌乱有致地缠绕盘起，将女性的妩媚发挥到了极致，发髻微微侧偏，成熟中带有几分可爱娇俏。

三、化妆与发型设计造型实例(Examples of Make-up and Hairstyle Design Form)

（一）例一 金属妆容设计造型（Golden and Brown Make-up Design Form）

1.妆面分析

低调而毫不张扬的金属光芒渐渐显露其魅力，隐隐闪烁的光芒能够尽展新娘雍容气度，金色、金棕色、黄铜色等是无法规避的扮靓颜色。高耸的发髻充分体现了新娘的高贵大气，精致的花朵点缀是画龙点睛之笔，整体造型重点突出新娘的优雅纯美气质，如图 8-23 所示。

图8-23 金属妆容整体效果

2.学习要点

熟悉金属复古的妆面特点与步骤；掌握眼妆的自然渲染与发型的制作。

3.打造步骤（图8-24）

（1）底妆：用散发着柔光的粉底能够表现肌肤的细腻唯美。涂粉底霜，用手指或手掌在脸上点染晕抹，也可用粉底膏用粉扑自下而上、从脸颊往外侧晕开，一直到耳际与下颚，注意发际、唇部、鼻角、嘴角、脖子等处应均匀擦拭，如图8-24（1）所示。利用遮瑕膏来掩饰肌肤的瑕疵，如图8-24（2）所示。深色粉膏涂抹于脸颊两旁，浅色粉涂抹于眼睛下方，额头、鼻子、下巴等高光提亮，如图8-24（3）所示。用细滑柔和的散粉吸去脸上多余的油光进行定妆，呈现出水嫩透明的质感，塑造纯净光洁的健康肤质，如图8-24（4）所示。

（2）眼妆：棕色、金色眼影在近年比较流行，用优雅的棕色眼线在眼睛边缘轻柔勾勒开，再用同色系的棕色眼影从眼睑向眉毛处晕开，使之形成一抹妩媚的雾彩，如图8-24（5）所示。用深咖啡色眼影加重眼尾，多层晕染手法突出了眼部的结构，同时提升了眼睛的光耀度，其略带光泽感的金属质地能够突出双眼的灵动与深邃感，如图8-24（6）所示。用眼线笔沿眼睫毛底线描画，然后在眼睑上粘上假睫毛，可以在后眼尾加上半幅假睫毛，如图8-24（7）所示。最后刷上睫毛膏，如图8-24（8）所示。

（3）腮红：带金属质感的赭石红色腮红既带有明艳的特质，又有着高贵华丽的气质，以颧骨为中心，用橙色腮红画圈式扫上，即刻使面颊透出柔和健康的红润气色，如图8-24（9）所示。

（4）唇妆：用颜色与口红颜色同色系的唇线笔勾勒嘴唇轮廓，再用有金属光泽的粉色的唇彩涂在唇上，用同色系的唇彩表现双唇的透明感，如图8-24（10）所示。

（5）发型：先扎个简单的马尾辫，盘在头顶，再在头顶加一个假发髻增加发量，然后用较厚的假发辫完全包住前半个头，剩下的发辫编成麻花装饰在脑后，如图8-24（11）所示。最后用夹子在左侧头发上固定头饰，如图8-24（12）所示。

(1) 涂粉底膏

(2) 掩饰瑕疵

图8-24

(3) 高光提亮

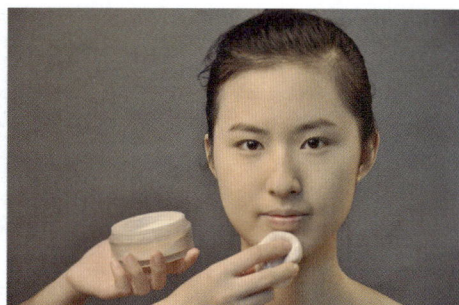

(4) 吸油光

(5) 画眼线和涂棕色眼影

(6) 加重眼尾

(7) 粘假睫毛

(8) 刷睫毛膏

(9) 涂抹腮红

(10) 化唇妆

图8-24

(11) 盘发　　　　　　　　　　　　(12) 固定头饰

图8-24　金属妆容打造步骤

（二）中国红妆容设计造型（Chinese Red Make-up Design Form）

1.妆面分析

中国元素逐渐成为世界时尚、美容界关注的最新焦点。如图 8-25 所示，礼服结合了精美的中式古典绣工和西式现代立体裁剪，鱼尾裙最能展现女性的曲线。美艳的传统彩妆，将当下的潮流趋势与模特本身的东方气质融合于一体，细长的中国式丹凤眼与细长上挑的眉毛，艳丽的红唇，头上装饰中国结链条，勾勒出惊艳的视觉效果。

图8-25　中国红妆容整体效果

2.学习要点

掌握中国风元素与特色，抓住表现中国精髓的细节进行创作，主要是使学生掌握中国画般的流畅线条与基本化妆步骤。

3.打造步骤（图8-26）

（1）底妆：完美的底妆打造出通透感的肤质，令肌肤呈现出自然、透亮且无痕的底妆效果。用高于肤色一号的粉底，先从眼头下方开始涂起，从上至下、从内向外均匀涂开，如图 8-26（1）所示。用双色修容饼修正脸型，模特儿的脸型已很小，可以省略深色修容步骤，粉色高光粉涂于眼睛下方、额头、下巴处，提亮肤色，完成自然状态的高光效果。将充足的散粉拍在脸上，扫去多余散粉，再次扑粉并扫去多余散粉，最后在T字区添加高光散粉，可选择珍珠白色，如图8-26（2）所示。

（2）眼妆：整个妆容的核心在眼部，小烟熏妆＋中国红＋浓睫毛，细长的眉毛上扬，巧妙地表达出含蓄与优雅的东方风韵。先用眉粉勾画眉形，再用眉笔勾画，随着眉毛的生长方向，用轻柔的笔触补足不够的部分，眉尾处需仔细描画，可略向上挑，使眉形与妆容更加协调。注意此妆容的眉毛后尾部长而上扬，如图8-26（3）所示。用橘红色眼影在眼窝凹陷处大面积涂抹，眼皮和下眼梢用橘色加咖啡色描画出浓厚的眼线，然后晕染开，达到上下呼应、浑然一体的感觉，如图8-26（4）所示。在上眼皮处则用黑色的眼线液完整地画细长眼线，在眼尾处细细地带出上挑的线条，如图8-26（5）所示。粘上多层假睫毛以延长眼形，使眼睛更有光彩。最后涂睫毛膏，如图8-26（6）所示。

（3）腮红：橙色加粉色的腮红斜向轻扫于颧骨之上，如图8-26（7）所示。

（4）唇妆：唇部配以同样鲜艳的色泽，将东方美发挥到极致。红艳的唇色，衬托出眼部戏剧效果的同时，更在轻描淡写间赋予这个妆容柔美含蓄的东方诗意，如图8-26（8）所示。

（5）发型：扎个干净的单辫，扎麻花辫盘于脑后，如图8-26（9）所示。用一个长的假发辫变成粗粗的麻花再盘于后额头，用夹子固定，加上红色的项链，把黑色的中国结露出来，如图8-26（10）所示。

(1) 涂粉底霜

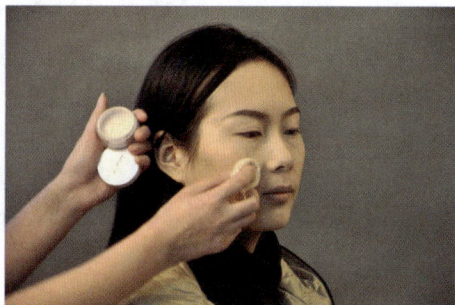

(2) 高光提亮

图8-26

(3) 画眉形

(4) 涂眼影

(5) 画眼线

(6) 粘假睫毛

(7) 涂腮红

(8) 化唇妆

(9) 扎麻花瓣

(10)完成效果

图8-26　中国红妆容打造步骤

第九章 现代礼服赏析（30款）

Contemporary Ceremony Dress Appreciation
(30 styles)

一、雍容华贵（Distinguished）

在隆重的场合，礼服以其夸张华丽的造型，成为全场的焦点，雍容华贵的礼服继承了宫廷贵族服装的华丽，用华丽繁复的形式诠释了经典。多变的裙型是其典型的特征，重点在于裙装部分的变化设计，手套也是体现华贵不可或缺的元素。

如图 9-1（1）所示，雍容华贵的紫色晚礼服，使着装者浸润于妩媚、高贵、神秘的氛围之中。裙摆采用多层次的纱质面料，体现繁复的华丽之感，暗紫色层层叠叠的轻纱中穿插有堆褶装饰的粉紫色亮缎，既与轻纱形成强烈的肌理对比，又与上身的面料形成呼应，整体协调统一又富于变化。

如图 9-1（2）所示，黑色的宽带强调着上身的对比，上身黑色的法国蕾丝装饰更加强化了视觉中心。裙部分为两层，上层为白色、粉紫两色的亮片布，花纹隐约、浪漫；下层采用半透明、多层次、朦胧的细纱使人犹如踩在彩云之上。

如图 9-1（3）所示，清丽的绿调子从上到下依次为淡绿色、黄绿色、鹅黄色，明媚如春，富有层次感。裙摆大面积的堆积褶纹既自然又华丽，其间看似不经意地点缀花朵，这一细节又增添了几分装饰效果。裙子底摆用鹅黄色绸缎以拖尾的形式存在，使其整体散发着清新自然的气息。

如图 9-1（4）所示，精致的上身较为复杂，穿有绳带和纱质荷叶边，肩带化为落下的小袖。上身有金色饰边，配合金色花纹的宝蓝色裙子，在外面同色系网纱的遮盖下，金色花纹隐约显现。裙摆大面积的立体堆褶自然膨起，下部另有饱和度较高的拖地裙摆，形成造型上的反差，配合香槟金色手套，整体雍容华贵。

(1)

(2)

(3)

(4)

图9-1　雍容华贵型礼服

二、美丽新娘（Beauty Bride）

　　婚礼服是礼服的重要类型，婚礼是一个隆重的仪式，在仪式上有着来自于传统和文化的约定俗成，随着时代的变迁，婚礼服不断改变，体现了民俗与时尚的契合，在婚礼上新娘们用美丽的婚纱装扮着她们生命中最为美好的时刻。

　　如图9-2（1）所示，别致的帽子是欧洲传统的有身份女性的外出的服饰之一，如与婚纱搭配，可以斜斜地戴着，显得活泼俏皮。礼服的上身和帽子绣有单色的花卉图形，与同样花卉形状的肩带相互呼应，相得益彰。

　　如图9-2（2）所示，施华洛世奇的水晶和珠片缀饰于婚纱上，如钻石般闪耀，隐喻着婚礼的隆重气氛和新娘的高贵气质。珠钻疏密有间、自然排列，在胸部形成的心形，既衬托了新娘的完美胸型，又寓意"心心相印"、"永结同心"的美好愿望。

　　如图9-2（3）所示，婚纱洁白如雪，一尘不染，与镂空的胸部设计增添了新娘的性感。喇叭状的袖口和裙摆用不同长短的分出层次，并镶嵌有光泽的缎带，强化了层次感。袖口点缀轻巧的结饰，犹如芭比娃娃般可爱。

　　如图9-2（4）所示，礼服上身贴体勾勒出优美的腰身曲线，礼服上身为较为细密的叠褶肌理，与流畅的裙摆产生对比，裙摆采用多层细纱形成朦胧效果，透明的手套搭配花瓣形的手套边，项链般的系带穿越肩部，展露出优美的脖颈和手臂，使人联想到跳芭蕾舞的女孩。

　　如图9-2（5）所示，轻柔的头纱遮罩了几乎整个礼服，打开就露出新娘美丽的容颜，胸部用大量的施华洛世奇水钻精心排列，由胸部向外发散的规律曲线，犹如蝴蝶张开的双翅；水钻图案虚实相间，耀眼闪烁，犹如童话中的公主，既高贵美丽又可爱。

(1)　　　　　　　　　　　　　　　　　(2)

图9-2

(3)　　　　　　　　　　　　　　　　(4)

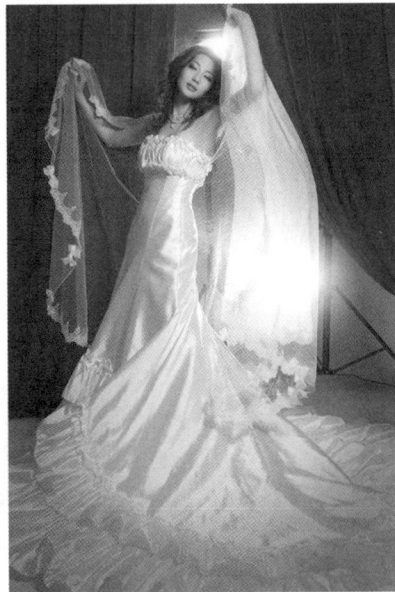

(5)　　　　　　　　　　　　　　　　(6)

图9-2　美丽新娘型礼服

　　如图 9-2（6）所示，螺旋型结构的婚礼服，胸部用花卉装饰，与单层百褶的裙摆相呼应，通体简洁合体，裙摆盘绕而下，逐渐扩散、放大，以至于拖至地面，围绕在新娘周围，配以长而飘洒的头纱，具有强烈的动感和形式美感。

三、俏丽小礼服（Pretty Little Ceremony Dress）

小礼服精干、简练，又带有女人味和艺术性，是一种非常实用的礼服品种，可以日常穿着，也可以出席宴会。

如图9-3（1）所示，肩带为细褶的荷叶边，轻盈自如，胸部造型轮廓犹如花瓣，露出颈部，正好佩戴呈倒三角形坠饰项链，其金属色泽与蓝色腰带相呼应。

如图9-3（2）所示，肩带的位置决定了领部的造型，礼服领部呈现长方形，视觉上拉长了肩宽。胸部装饰仍是礼服装饰的重点部位，不同颜色和形态的珠片装饰，起到了画龙点睛的作用。

如图9-3（3）所示，以纱、缎、蕾丝、鲸骨等最具有代表性的礼服材料制作合体别致的露肩小上衣，搭配裤装以及有个性的头饰与耳环，整体形成了另类、新颖、时尚、俏丽的现代小礼服组合。

如图9-3（4）所示，可装卸的裙摆采用抽褶的装饰手法，蓬松、洁白，犹如一朵轻盈的云彩做成的衣裳，设计颇具匠心。卸下裙摆，是一款简洁、俏皮的小礼服；而装上后马上变为端庄、奢华的婚礼服。

如图9-3（5）所示，展现施华洛世奇元素，其钻石和水晶将轻如云朵的雪纺面料蜕变为魅力四射的小礼服，外面罩以轻盈的柔纱，轻舞飞扬，珠片在轻纱后隐约闪现，女性的性感和妩媚完美诠释。同时，裙摆处的水晶和珠片倍添几分神秘与华丽。

(1)　　　　　　　　　　(2)　　　　　　　　　　(3)

图9-3

(4)　　　　　　　　　　　　　　　(5)

图9-3　俏丽小礼服

四、飞扬裙裾（Flappy Skirt Full Front）

　　裙裾在礼服中具有独特的表现力，为了体现优美的体型，礼服上衣部分往往设计得紧身合体，而下摆的裙裾则体现了礼服生动的一面，随着着装者的各种动作，裙裾变化着千姿百态，使礼服形态更加生动。裙裾是礼服的"翅膀"，有了它礼服才会随身而飘动，才会有了动的神韵。

　　如图9-4（1）所示，腰部、臀部及大腿中部呈合体造型，向下逐步放开，下摆展成鱼尾状。加长的裙裾层层叠叠，慢慢流泻于身后，如睡莲般缓缓地飘过。上身至大腿中部采用厚缎面料，上面点缀亮钻，以前中心线向两边发散、向下洒落。鱼尾采用轻柔的雪纱，两种不同质感的面料，用亮钻自然过渡，尽显奢华。此种裙型收放恰到好处，充分展现女性高贵气质与身材曲线。

　　如图9-4（2）所示，裹住身体的礼服在大腿处用装饰品固定，产生优美的细褶，后部有加大的裙摆，静立时垂于体后，跳舞时会突然张开，会产生惊艳的效果。

　　如图9-4（3）所示，纱柔软而轻盈，抛起的轻纱不会马上落到地上，而是缓缓地飘落。裙摆层叠的柔纱，会随着身体的跃动而舞蹈，并产生飘舞的效果。

　　如图9-4（4）所示，露背的中拖鱼尾晚装，布满了金色的亮片，犹如鱼鳞般光泽。裙摆处用较宽的蕾丝，似波浪起伏，拖尾的长裙如粼粼波光中美人鱼在游泳。

　　如图9-4（5）所示，银灰色的拖尾晚礼服，采用单色与同色系的隐条图案搭配，色彩统一而又有细微变化，打破了单调，含蓄而高雅。后中心裙摆采用抽褶艺术表现手法，并装饰以黑灰相间的花朵，像一只有着美丽长尾的素色凤凰。

(1)

(2)

(3)

(4)

(5)

图9-4　飞扬裙裾型礼服

五、传统与现代（Tradition and Modernness）

这些礼服的设计元素来自于传统服饰，又与现代时尚元素相结合，在这里传统与现代、东方与西方、民俗与流行有机地结合在一起，为礼服带来新的面貌。

如图9-5（1）所示，新改良中国风的摩登旗袍，以传统手工刺绣的牡丹、七彩凤凰、飞舞孔雀作为设计图案，在保留旗袍具有的东方气质美的前提下，同时配合西方摩登裁剪款式，上部有翻折下的红色三角形装饰，点缀钻石的金属长流苏设计，好像被解开的肚兜，有着中国式的性感。

如图9-5（2）所示，中国传统的绣花花型，腰部有宽大的绿色造型装饰，把礼服分为三个部分。腰部装饰长流苏的中国结为点睛之笔。裙摆前部的开衩设计既满足人体活动功能，又起到装饰作用。

如图9-5（3）所示，淡蓝色与黑色搭配，色彩醒目，黑色的腰带、项链和手套对整体色彩起呼应作用。整体呈现出古典宫廷风格，裙撑和边缘的镶边与褶皱是巴洛克风格礼服的特征之一。

如图9-5（4）所示，整款礼服色彩丰富而井然有序，打满粗褶细褶、面料拼镶的长裙，有着波西米亚所特有的装饰手法与风格。

第九章
现代礼服
赏析
（30款）

(1)　　　　　　　　　　　　　　　　　(2)

图9-5

(3)   (4)

图9-5　传统与现代型礼服

六、妩媚性感（Charming and Sexy Look）

礼服有清纯素雅的，也有成熟妩媚的，成熟性感的礼服并不一定暴露，但是一定是具有吸引力的，释放着女性独有的魅力。

如图9-6（1）所示，酒红色的主色调配以黑色，衬托雪白的肤色和鲜艳的红唇，似乎迷醉于灯红酒绿的夜晚。

如图9-6（2）所示，"机器人"美女闪耀着点点金属般的光泽，机械般挺括的款式造型和几缕纱幔包裹着柔软的躯体，对比强烈，现代感强，不失性感的魅力，是2010年春夏摩登风的表现。

如图9-6（3）所示，整体造型并不夸张，柔柔的淡粉色，背部三条优美的弧线流畅而舒缓，亭亭玉立，宛如莲花中的仙女，缓缓从水中升起。她含蓄地娓娓道来，在平静中细细品味其中的韵味。

如图9-6（4）所示，精致来自于随意洒在裙摆的小花，似乎刚刚穿过花海，有花瓣粘在衣裙上，纤细的飘带画出优美的弧线。

如图9-6（5）所示，简单造型的手法更加突出了人的气质，简洁的黑像夜晚神秘的天幕，上面有琢磨不定的玫瑰般星座。

如图9-6（6）所示，简简单单的造型因为有了渐变的色彩层次而丰富，晶莹的小珠如宝石般闪烁，她就像一位来自遥远年代的女巫，在用水晶球预言未来。

(1)

(2)

(3)

(4)

图9-6

(5)　　　　　　　　　　　(6)

图9-6　妩媚性感型礼服

参考文献
References

[1] 魏静. 立体裁剪与制板 [M]. 北京：高等教育出版社，2004.

[2] 魏静. 立体裁剪与制板实训 [M]. 北京：高等教育出版社，2008.

[3] 吴丽华. 礼服的设计与立体造型 [M]. 北京：中国轻工业出版社，2008.

[4] 张文斌. 瑰丽的软性雕塑 [M]. 上海：上海科学技术出版社，2007

[5] 华梅，要彬. 西洋服装史 [M]. 2 版. 北京：中国纺织出版社，2008.

[6] 李当岐. 西洋服装史 [M]. 北京：高等教育出版社，1995.

[7] 文化服装学院. 文化服装讲座（新版）童装·礼服篇 [M]. 郝瑞闽，编译. 北京：中国轻工业出版社，2008.

[8] 袁仄. 服装设计学 [M]. 3 版. 北京：中国纺织出版社，2000.

[9] 中屋典子，三吉满智子. 服装造型学·技术篇III（礼服篇）[M]. 刘美华，金鲜英，金玉顺，译. 北京：中国纺织出版社，2006.

[10] 白琴芳. 服装立体造型 [M]. 上海：上海科学技术出版社，2006.

[11] 朱秀丽，郭建南. 成衣立体构成 [M]. 北京：中国纺织出版社，2007.

[12] 王善珏. 服装立体裁剪技法大全 [M]. 上海：上海文化出版社，2003.

[13] 印建荣. 内衣纸样设计 [J]. 天津：天津科学技术出版社，2003.

[14] 郭嫚. 浅析女性礼服穿着文化 [J]. 武汉：武汉科技学院学报，2008.

[15] 黄帼鸿，张欣. 无骨裙撑结构设计探析 [J]. 天津工业大学学报，2009.

[16] 黄帼鸿，张欣. 裙撑的结构演变及选用 [J]. 浙江纺织服装职业技术学院学报，2009（3）.

[17] 章瓯雁. 礼服立体造型手法的应用与成型 [J]. 温州职业技术学院学报，2009.

[18] 陈淑聪，吴咏蔚. 浅析晚礼服设计中造型要素的运用 [J]. 嘉兴学院学报，2006.

[19] 陈晓玲. 礼服的装饰手法 [J]. 四川丝绸，2008.

[20] 刘雪花. 浅析礼服的设计 [J]. 广西纺织科技，2009.

[21] 香港珠宝展. Jewes of Italy [J]. 时尚北京，2110（4）：123-124.

[22] 品牌世家网 http://ppsj.com.cn.

[23] 瑞丽女性网 http://www.rayli.com.cn/.

[24] 搜狐新娘网 http://xinniang.sohu.com/.

[25] 广东女性网 http://www.gdlady.com/.

[26] YOKA 时尚网 http://www.yoka.com/.

[27] 海报网 http://www.haibao.cn/.

[28] 2009 秋冬 -SNOB FASHION ALHASNA 黎巴嫩女装婚纱晚装系列.

[29] 2010 春夏 -MODA STYLE- 黎巴嫩女装礼服 - 晚装. SPRING-SUMMER2010 BASILSODA.

[30] *Fashion Focus Woman Dress*. 2010-2011 autumn-winter 秋冬意大利女装时尚礼服.

[31] SPRING-SUMMER2009 Creation DANY ATRACHE.